Arena Bibliothek des Wissens

Aktuell

W0044465

Arena

Für Sarah, Suzan und Nail

Ruth Omphalius, geboren 1963, hat in Frankfurt Germanistik, Kunstgeschichte, Kunstpädagogik, Theater-, Film- und Fernsehwissenschaften studiert. Seit 1997 arbeitet sie als Redakteurin und Autorin in der Redaktion „Terra X" beim ZDF in Mainz, wo sie zahlreiche preisgekrönte Sendungen und Filme produziert hat. Zudem ist sie Autorin erfolgreicher Sachbücher wie „Der Neandertaler" (2006) oder „Drogen – Der gefährliche Traum vom Glücklichsein" (2013) sowie der Jugendbuchreihe „Dragonchild".

Monika Azakli, geboren 1962, hat in Mainz Islamkunde und Islamphilologie sowie Publizistik studiert. Seit 1993 ist sie als Mediendokumentarin im Bereich Archiv, Bibliothek und Dokumentation beim ZDF beschäftigt und Expertin für Recherchen und Informationen zu aktuellen, zeitgeschichtlichen und gesellschaftspolitischen Themen. Sie ist außerdem Autorin des Sachbuchs „Drogen – Der gefährliche Traum vom Glücklichsein" (2013).

Ruth Omphalius · Monika Azakli

Klima im Wandel

Was wir jetzt tun können

KNa   Ompha

II\   Öffentl. Bücherei   Preis ~~ausgeschieden~~
      Adolf-Kolping-Str. 4   10,–
      53340 Meckenheim Arenan   Alter
                                 ab 12 J.

IK/SW   Klima wandel,

IK/SW   Umweltschutz Anleben

Zug.-Nr.   87. 896/20

ausgeschieden

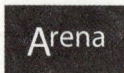

Ein Verlag in der **westermann** *GRUPPE*

www.blauer-engel.de/uz195
· ressourcenschonend und
  umweltfreundlich hergestellt
· emissionsarm gedruckt
· überwiegend aus Altpapier

MI6

Dieses Druckprodukt ist mit dem Blauen Engel ausgezeichnet

MIX
Papier aus verantwor-
tungsvollen Quellen
FSC® C110508

1. Auflage 2020
© 2020 Arena Verlag GmbH
Rottendorfer Straße 16, 97074 Würzburg
Alle Rechte vorbehalten

Text: Ruth Omphalius und Monika Azakli
Vorwort: Dirk Steffens
Text zu „Mit der Polarstern unterwegs im ewigen Eis": Dr. Stefanie Arndt und
Dr. Renate Treffeisen
Text zu „Stop talking, start planting": Felix Finkbeiner
Lektorat: Stefanie Böhm
Covergestaltung: ZERO Werbeagentur, zero-media.net, München unter
Verwendung einer Schrift von © Getty Images/brainmaster sowie
Gestaltungselementen von © Getty Images/Vaara und © Getty Images/Colormos

Gesamtherstellung: Westermann Druck Zwickau GmbH
Printed in Germany

ISBN 978-3-401-60563-0

Dieses Buch erscheint auch als Hörbuch.

Besuche den Arena Verlag im Netz:
www.arena-verlag.de

Inhalt

Fünf nach zwölf

Liebe Kids, liebe Eltern,

wir leben auf einem Planeten mittlerer Größe. Und wir können nicht anbauen. Unbegrenztes Wachstum auf einem begrenzten Planeten ist unmöglich. Wir müssen also unseren Umgang mit den Ressourcen – und damit meine ich gar nicht nur Öl, Kohle und Gas, sondern vor allem Luft, Wasser, Ackerboden, Pflanzen und Tiere – grundsätzlich verändern. Es ist fast zu banal, um es zu sagen, aber weil es bisher nicht funktioniert, muss man es doch: Wir dürfen nicht mehr verbrauchen, als die Erde produzieren kann, sonst gehen die Ressourcen zur Neige und wir Menschen müssen für unsere Verschwendung einen sehr hohen Preis bezahlen.

Wir hier in Deutschland denken schon sehr lange und sehr intensiv über den Klimaschutz nach. Die meisten von uns haben durchaus ein Bewusstsein dafür, dass etwas geschehen muss. Zum Glück können wir viele Probleme, die wir Menschen verursacht haben, auch selbst wieder lösen. Wir haben kanalisierte und vergiftete Flüsse renaturiert, wir haben seltene Tierarten wieder angesiedelt und das Ozonloch geschlossen. Das ist fantastisch. Weil wir über einen beeindruckenden Erfindergeist und eine hoch entwickelte Technologie verfügen, können wir auch eine Menge reparieren.

Der Mensch hat die Erde tatsächlich verändert. Und wir verändern sie weiter. Wichtig ist aber, es zum Guten zu tun. Vor allem ist wichtig, dass alle wirklich möglichst viel wissen und die Zusammenhänge kennen. Es gibt ja immer noch Leute, die den Klimawandel leugnen oder behaupten, er sei nicht menschengemacht. Das ist wissenschaftlich nicht haltbar. Populisten geben meist ganz einfache Antworten auf komplexe Fragen. Und diese einfachen Antworten sind meistens falsch.

Deshalb freue ich mich sehr über dieses Buch, in dem all die komplexen Dinge, mit denen wir es beim Klimawandel zu tun haben, so erklärt werden, dass jede und jeder sie verstehen kann. Und mit Wissen beginnt eben alles. Wer mehr weiß, kann mehr verändern. Ich kann nur allen raten: Informiert euch bei verlässlichen Quellen, bleibt wachsam, bleibt kritisch und schaut euch vor allem immer die Zusammenhänge an. Dann ist es möglich, die Welt zu retten.

Euer
Dirk Steffens

Wetter oder Klima?

Überall hört man, dass das Klima immer wärmer wird, aber gleichzeitig warnen Wetter-Apps vor Schneestürmen in den Bergen und Schneeverwehungen legen den Bahnverkehr lahm. Wie passt das zusammen? Dass das Wetter mit Sonnenschein, Gewitterfronten, Niederschlag und Wind zu tun hat, weiß jeder. Viele Menschen verfolgen täglich gespannt, ob gerade ein *Hoch** oder ein *Tief** über den Atlantik zieht und mit welchen Temperaturen am folgenden Tag zu rechnen ist. Oft ist auch von Klima, klimatischen Bedingungen oder klimatischen Schwankungen die Rede. Aber was ist eigentlich genau unter „Wetter" und was unter dem Begriff „Klima" zu verstehen? Gibt es überhaupt einen Unterschied zwischen beiden?

Auf der Webseite des Deutschen Wetterdienstes kann man den Begriff „Wetter" recherchieren und findet als Definition:

„Als ‚Wetter' wird der physikalische Zustand der *Atmosphäre** zu einem bestimmten Zeitpunkt oder in einem kürzeren Zeitraum an einem bestimmten Ort oder in einem Gebiet bezeichnet."

Manchmal wird noch ergänzt, dieser Zustand sei „durch die *meteorologischen** Elemente und ihr Zusammenwirken gekennzeichnet".

Diese Erklärung ist aber mindestens genauso rätselhaft wie die Ausgangsfragen. Erst wenn man ein konkretes Wetterbeispiel konstruiert, wird deutlich, was gemeint ist:

„Zu einem bestimmten Zeitpunkt an einem bestimmten Ort"

---

* *Begriffe, die mit * markiert sind, werden im Glossar ab S. 156 näher erklärt.*

könnte sich auf „heute" und „Frankfurt am Main" beziehen. „In der Atmosphäre" ist schon schwerer zu verstehen. Die Atmosphäre ist eine Hülle aus Gas, die den gesamten Erdball umschließt. Sie beeinflusst alles Leben auf der Welt schon allein dadurch, dass sich in diesem Gasgemisch sowohl der Sauerstoff befindet, den wir atmen, als auch Stoffe wie Kohlendioxid (CO_2) und Methan, die die Wärmeregulierung der Erde beeinflussen. Die Grenze zum Weltall nimmt man bei 690 Kilometern Höhe an. Aber nur in den ersten 10 bis 15 Kilometern von der Erdoberfläche aus betrachtet, findet der physikalische Zustand statt, den wir „Wetter" nennen. Diese unterste Schicht der Atmosphäre, die *Troposphäre*,* heißt deshalb auch *Wetterschicht*.*

Nun bleibt noch der „physikalische Zustand" zu erklären. „Physik" nennt man die Lehre von den „unbelebten Dingen der Na-

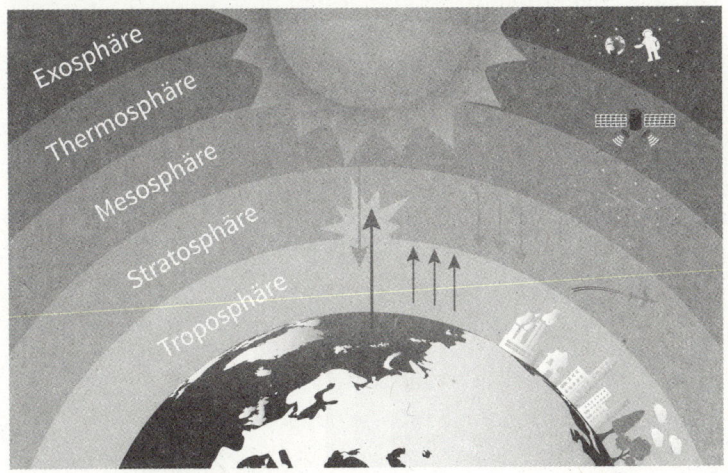

Die Erdatmosphäre besteht aus verschiedenen Schichten. Nur in der untersten, der Troposphäre, findet Wetter statt.

tur". Sie ist eine sogenannte exakte Wissenschaft, weil man es in der Regel mit Forschungsgegenständen zu tun hat, die man messen, wiegen oder auf sonstige Weise exakt bestimmen kann. Wetter ist also zum Beispiel ein Zustand 10 bis 15 Kilometer über Frankfurt, den man für heute mit physikalischen Messmethoden exakt bestimmen kann. Messen und beschreiben kann man die oben genannten meteorologischen Elemente, hinter denen sich nichts anderes verbirgt als Luftdruck, Lufttemperatur, Luftfeuchte und Luftbewegung, also Wind. Ihr Zusammenspiel an einem bestimmten Ort zu einer bestimmten Zeit nennt man Wetter.

Nun könnte man allerdings auch das Wetter an einem anderen Ort betrachten oder einen anderen Zeitpunkt wählen, wie etwa das Wetter gestern um Viertel vor zwölf auf der Zugspitze. Auch was sich in der Wetterschicht zu dieser Zeit über dem höchsten Berg Deutschlands abgespielt hat, nennt man Wetter. Oder die Situation während der nächsten drei Tage über Schleswig-Holstein. Wetter kann also über einem einzelnen Berggipfel genauso stattfinden wie über einer größeren Fläche, es kann einen Augenblick andauern oder auch mehrere Tage. Wichtig ist, dass das Wetter zeitlich begrenzt an einem bestimmten Ort stattfindet und sich jederzeit ändern kann – ganz im Gegensatz zur „Wetterlage", „Witterung" oder zum „Klima".

Von „Wetterlage" sprechen die Meteorologen*, wenn sie das Wetter in einem größeren Gebiet beschreiben wollen, zum Beispiel über ganz Deutschland. „Witterung" dagegen heißt das Wetter, das zwar nur über einem bestimmten Ort oder einer Region herrscht, dafür aber über mehrere Tage oder sogar Wochen andauert.

Der Begriff „Klima" beschreibt schließlich für eine große Region, zum Beispiel alle Länder, die am Äquator liegen, den typischen jährlichen Ablauf der Witterung. Es geht hier also um viel allgemeinere Vorgänge und Zusammenhänge als einen Regenschauer morgen Abend in Berlin oder einen etwas kälteren Winter als üblich. Deswegen sind Aussagen über das Klima manchmal sogar zuverlässiger als über das Wetter fürs Wochenende, denn das

Wetter-App auf einem Smartphone

Wetter an einem einzelnen Ort kann sich aufgrund vieler Faktoren sehr schnell ändern. Das Klima wird von langfristig wirkenden Elementen bestimmt. So gibt es in Europa die vier Jahreszeiten Frühling, Sommer, Herbst und Winter, in Indonesien dagegen wird das Jahr von Regenzeiten und Trockenzeiten strukturiert. Europa und Indonesien haben ein deutlich unterschiedliches Klima.

Das Klima einer Region hängt von vielen Faktoren ab. Am wichtigsten ist allerdings, wie viel Sonnenschein ein Gebiet bekommt. Und das wiederum hängt davon ab, wo auf der Erdoberfläche sich die betreffende Region befindet. Je nachdem, ob sie näher an den Polen oder näher am Äquator liegt, trifft das Sonnenlicht in einem anderen Winkel auf. Je steiler der Winkel, desto heißer die Region. Und weil dieser Winkel eine so zentrale Bedeutung hat, wurde das ganze Phänomen nach ihm benannt. Denn das ursprünglich griechische Wort *klíma* bedeutet nichts anderes als „Neigung".

Die Teile der Erde, die nördlich und südlich des Äquators liegen, werden am intensivsten von der Sonne beschienen. Die Strahlen treffen hier fast im rechten Winkel auf die Erde auf. Zu den Polen hin nimmt die Stärke der Einstrahlung ab, der Einfallswinkel der Sonnenstrahlen wird kleiner. Die Wissenschaft nennt Gebiete rund um den Planeten, die eine ungefähr gleich starke Sonneneinstrahlung erhalten und daher ein ähnliches Klima aufweisen, „Klimazonen". Diese Zonen ziehen sich wie breite Gürtel um den Globus. Sie heißen Tropen, Subtropen, Mittelbreiten und Polarzone.

Nördlich und südlich des Äquators liegen die „Tropen". Hier ist es wegen der starken Sonneneinstrahlung besonders heiß. Im Jahresablauf gibt es kaum Veränderungen.

An die Tropen, zu denen große Teile Afrikas, Asiens, Mittel- und Südamerikas sowie Australiens gehören, schließen sich im Norden und Süden die „Subtropen" an. Hier sind bereits deutliche Temperaturunterschiede zwischen Sommer und Winter messbar.

Bewegt man sich weiter in Richtung der beiden Pole, erreicht man die sogenannten „Mittelbreiten". Hier kann man die vier Jahreszeiten Frühling, Sommer,

Die Klimazonen der Erde sind abhängig von der Sonneneinstrahlung.

Herbst und Winter klar voneinander unterscheiden. Im Bereich der Mittelbreiten liegen Europa, Nordamerika und Zentralasien. Die Gebiete direkt um die Pole herum nennt man „Polarzonen". Hier sind die jahreszeitlichen Schwankungen am extremsten. Während die Sonne im Sommer den ganzen Tag über scheint, bleibt es im Winter völlig dunkel. Man spricht von „Polartag" und „Polarnacht".

Das Klima hängt also in entscheidendem Maß von der Stärke der Sonneneinstrahlung ab. Es gibt allerdings auch noch andere Faktoren, die eine wichtige Rolle spielen können, wenn man nicht eine ganze Klimazone, sondern einen Teilbereich betrachtet. Beispielsweise ist es auf hohen Bergen deutlich kälter als in der Ebene. Das Klima in einer hochgelegenen Gebirgsregion wie Tibet, das auf durchschnittlich 4.500 Meter Höhe liegt, unterscheidet sich grundlegend von Regionen, die zwar in derselben Klimazone, aber eher auf Höhe des Meeresspiegels liegen.

Überhaupt ist die Beschaffenheit der Oberfläche im Einzelfall von großer Bedeutung. An Berghängen verlieren Regenwolken ihren Niederschlag, über Wasserflächen verdunstet Wasser. Die Nähe zu einem Ozean oder Meer spielt eine große Rolle. Das Meer transportiert Wärme, daher herrscht in Meeresnähe oft ein wärmeres Klima als im Inland. Viele Küstenstreifen sind allerdings auch von Stürmen geplagt, die ihren Ursprung weit draußen auf den Ozeanen haben. Die Verteilung von Wasser bestimmt in hohem Maße das Klima einer Region.

Schließlich beeinflussen auch wir Lebewesen das Klima auf unserem Planeten. Alle Pflanzen und Tiere, sogar die winzigen Bakterien, sondern Stoffe ab, die sich auf das Klima auswirken. Wir

Tibet ist das höchstgelegene Land auf der Erde.

Menschen tun dies ganz besonders stark. Wir benötigen Energie nicht nur zum Überleben, also um Nahrung und Wärme bereitzustellen, sondern für eine ganze Menge Dinge, die wir mit Begriffen wie „Kulturleistung", „Lebensstandard", „technologische Weiterentwicklung" oder ganz allgemein als „Fortschritt" bezeichnen. Gemeint sind Fortbewegungsmittel wie Autos, Motorräder, Züge und Flugzeuge, die uns vergleichsweise einfach an weit entfernte Orte bringen. Oder Dinge, die unser Leben angenehmer machen, von der Fußbodenheizung, über die Waschmaschine und den Staubsauger, bis hin zur Flutlichtbeleuchtung auf dem Fußballplatz oder bei großen Konzerten.

Um das alles möglich zu machen, nutzen Menschen alle verfügbaren Energiequellen auf der Erde. Bei einer Weltbevölkerung von mittlerweile fast 8 Milliarden kommt da so viel zusammen, dass wir Menschen zum ersten Mal in der Geschichte sogar das Klima des gesamten Planeten verändern.

Angriff der Killerinsekten

Ein ohrenbetäubendes Summen und Brummen liegt in der Luft – wie in einem übergroßen Bienenstock. Ein Kribbeln, Krabbeln und Rascheln mischt sich darunter, aber kein einziger anderer vertrauter Laut, kein Vogelzwitschern, kein Hundegebell, nicht einmal eine entfernte Autohupe.

Armlange Tausendfüßer huschen über den morastigen Grund und verwandeln den Boden in ein verwirrendes, sich immer wieder neu zusammensetzendes Muster. Massen von Wanzen erklimmen die Stängel der großen Bärlappgewächse und saugen Saft aus den fleischigen Blättern. Fluginsekten in der Größe von Singvögeln ziehen ihre Kreise am Himmel und erbeuten hin und wieder unvorsichtige Schaben, die auf dem Boden in abgestorbenem Pflanzenmaterial wühlen.

Die ganze Erde ist ein Reich der Insekten. Kein Säugetier und kein Vogel macht den Krabbeltieren ihren Rang als Weltbeherrscher streitig. Die Königin in diesem Reich ist Meganeura, ein riesiges libellenartiges Insekt, das mit seinen bis zu 70 Zentimetern Flügelspannweite als das größte Insekt aller Zeiten gilt. Mit ihrem kraftvollen Flugapparat ist sie ein eleganter Flieger, der seine Beute in blitzschnellen Manövern angreift. Ihren hoch entwickelten Facettenaugen, den charakteristischen Sehorganen der Insekten, entgeht nicht die kleinste Bewegung.

Eben zieht sie noch scheinbar ungerührt ihre Kreise über dem morastigen Wasser eines kleinen Sees, dann stoppt sie abrupt und stürzt sich im Bruchteil einer Sekunde in die

Meganeura lebte vor 300 Millionen Jahren.

Tiefe. Ihr Opfer, ein kleiner Molch, hat nicht den Hauch einer Chance gegen das übermächtige Insekt. Seine Art ist gerade erst dabei, langsam den festen Boden zu erobern.

Auf einem ausladenden Ast verzehrt Meganeura ungerührt ihre zappelnde Beute und kann nicht ahnen, dass sich in der Zukunft die Vorzeichen umkehren und die Amphibien zu Jägern, die Insekten zu Gejagten werden.

Immer dasselbe Klima?

Bei einem Sonntagsspaziergang durch einen solchen morastigen Wald würde wohl jeden das kalte Grausen packen. So etwas kann es doch gar nicht geben! Alles nur Science-Fiction?

Nein, einfach eine andere Zeit mit einem anderen Klima! Der beschriebene Wald hat vor 300 Millionen Jahren tatsächlich existiert – hier in Europa!

Damals gab es noch keine Säugetiere, Vögel und Blütenpflanzen, die für den Menschen der Gegenwart so selbstverständlich sind, dass man sich eine Natur ohne sie kaum vorstellen kann. Aber all diese komplexen Wesen waren einfach noch nicht entwickelt. Amphibien und frühe Reptilien repräsentierten die Spitze der Vierbeinerevolution. Diese Zeit, die man wissenschaftlich als *Karbon** bezeichnet, war dafür ein Höhepunkt der Insektenentwicklung. Damals lebten Riesenformen wie nie zuvor und auch später niemals wieder.

Das gewaltigste dieser Monsterinsekten war Meganeura. Als die Wissenschaft in der zweiten Hälfte des 19. Jahrhunderts auf die ersten Fossilien dieses frühen Fliegers stieß, war die Überraschung groß. Niemand hätte es je für möglich gehalten, dass ein so großes Insekt tatsächlich leben könnte. Heute bringt es ein brasilianischer Nachtschmetterling gerade mal auf 32 Zentimeter Flügelspannweite, den längsten Körper hat mit 36 Zentimetern eine asiatische Gespensterschrecke und der schwerste Vertreter der Insektenwelt ist eine Grille, die – allerdings nur, wenn sie Nachwuchs erwartet – ein Lebendgewicht von 71 Gramm auf die Waage bringt. Die Forschung zeigt, dass ein größeres oder schwereres Insekt unter heutigen Bedingungen nicht existieren könnte.

Was war also anders zur Zeit der Rieseninsekten? Die Antwort ist einfach und lässt sich leicht in den Gesteinsschichten nachweisen. Zur Zeit von Meganeura gab es wesentlich mehr Sauerstoff in der Luft als heute. Das Gasgemisch unserer Atmosphäre veränderte im Laufe der Erdgeschichte immer wieder seine Zusammensetzung. Im Karbon machte der Sauerstoff 35 Prozent der Mixtur aus, in anderen Phasen der Erdgeschichte sank der Anteil auf 18 Prozent ab. Solche Schwankungen haben vermutlich zum Aussterben der Rieseninsekten geführt. Heute liegt der Sauerstoffgehalt der Luft bei 21 Prozent – viel zu wenig, um einen Koloss wie Meganeura am Leben zu halten.

Insekten besitzen einen Chitinpanzer, der den ganzen Körper umschließt. Ein Panzer, der das Gewicht eines Rieseninsekts ausreichend stützen kann, müsste sehr dick sein. Das allein ist ab einer bestimmten Größe problematisch, weil wenig Platz für innere Organe bliebe. Das größte Hindernis für ein Monsterwachstum ist für die Insekten jedoch ihre Atmung. Sie atmen mit sogenannten „Tracheen". Das sind starre Röhren, die sich verästeln und den gesamten Körper des Tieres durchziehen. Der Sauerstoff dringt durch kleine Öffnungen im hinteren Bereich des Körpers in dieses Röhrensystem ein, verteilt sich und sickert schließlich durch die Röhrenwände in das weiche Körperinnere. Diesen Vorgang nennt man „Diffusion".

Bei einem Rieseninsekt wären die Tracheenwände sehr dick und es würden bei dem gegenwärtigen Sauerstoffgehalt der Luft

Vulkane sind Klimamotoren.

zu wenige Sauerstoffmoleküle ins Innere des Tieres gelangen. Besonders in den langen Insektenbeinen würde die Diffusion als Motor für die Sauerstoffverteilung nicht ausreichen. Erst ein höherer Sauerstoffgehalt der Luft ermöglicht das Eindringen von so vielen Sauerstoffteilchen, dass auch ein Rieseninsekt nicht ersticken muss. Nur wenn der Sauerstoffgehalt der Erdatmosphäre irgendwann wieder deutlich ansteigt, könnten erneut Monsterinsekten die Erde bevölkern.

Dieser Ausflug in die Vergangenheit zeigt, dass schon die Veränderung eines einzigen Klimafaktors, zum Beispiel die Zusammensetzung der Luft, enorme Auswirkungen auf unseren Planeten, sein Klima und das Leben auf ihm hat. Im Verlauf ihrer Geschichte sah die Erde immer verschieden aus, hüllte sich in anderes Wetter und beherbergte unterschiedliche Pflanzen und Tiere. Was unseren Planeten immer wieder umgestaltet und sein

Aussehen verändert, sind im Grunde die vier Elemente Feuer, Wasser, Erde und Luft.

Das ist keine neue Erkenntnis, denn schon immer wurde die Geschichte des Menschen durch diese Kräfte beeinflusst. Meist nahmen die verschiedenen Kulturen jedoch vor allem die zerstörerische Seite der Naturgewalten wahr, die in allen Teilen der Welt immer wieder großes Leid über die Menschen brachten. Vulkanausbrüche, Flutkatastrophen, Erdbeben und Stürme gehören zu den Dingen, die Menschen am meisten fürchten. Selbst die moderne Technik schützt nur begrenzt vor den Kräften der Natur.

Den meisten ist nicht bewusst, dass es den Menschen und auch alles andere Leben auf der Erde ohne diese Kräfte gar nicht gäbe. Ohne Vulkane, fruchtbare Böden, die gigantischen Wassermassen der Ozeane und den Schutz der Atmosphäre wäre unser Planet wie die anderen Himmelskörper, die wir kennen: öde und leer!

In der Frühzeit der Erde sah es zunächst gar nicht rosig für die Entwicklung des Lebens aus. Die Sonne strahlte lange nicht so hell wie heute, sondern lieferte fast 30 Prozent weniger Energie. Unser Heimatplanet war in großer Gefahr, dauerhaft einzufrieren. Einzig die Vulkane bewahrten die

„Schneeball Erde": Die Erde war in ihrer Geschichte für einige Zeit komplett mit Eis bedeckt.

Erde vor dem Schicksal, ein lebloser Eisblock wie etwa der Zwergplanet Pluto zu werden. Aber nicht die Lava, die die Vulkane ausspuckten, war für die Erwärmung des Globus zuständig, sondern vielmehr waren es die riesigen Rauch- und Aschewolken, die die Vulkane bei jedem Ausbruch freisetzten. Diese Wolken enthielten ein Gas mit Superkräften: CO_2.

Der Treibhauseffekt

Der Gehalt von CO_2 in unserer Atmosphäre liegt bei einem Bruchteil von 1 Prozent, aber seine Auswirkungen sind dramatisch. Könnte ein böser Fluch dieses CO_2 vollständig wegzaubern, dann würden die Durchschnittstemperaturen auf der Erde um 30 Grad Celsius (30 °C) fallen. Das bedeutet, Städte und Dörfer, Autobahnen und Flughäfen wären in kürzester Zeit mit einer kilometerdicken Eisschicht bedeckt und ein Leben auf diesem Planeten wäre unmöglich. Das CO_2 wirkt wie eine Decke, die sich die Erde umgelegt hat, um sich warm zu halten. Sonnenstrahlen können von der Sonne zur Erde gelangen, aber das CO_2 lässt die Wärme nicht mehr vollständig zurück ins Weltall – ein Teil bleibt in der Atmosphäre zurück. Der Planet erwärmt sich. Die Wissenschaft nennt dieses Phänomen „Treibhauseffekt", weil in einem Gewächshaus genau dasselbe in viel kleinerem Maßstab passiert. Das Glas eines Treibhauses funktioniert ganz genauso wie das CO_2 und andere Gase in der Atmosphäre. Es lässt die Wärme der Sonne eindringen, aber nicht wieder vollständig hinaus.

Heute pusten aber nicht nur Vulkane Rauch in die Luft, sondern auch der Mensch mit seiner Industrie und seinen Autos. Durch sie

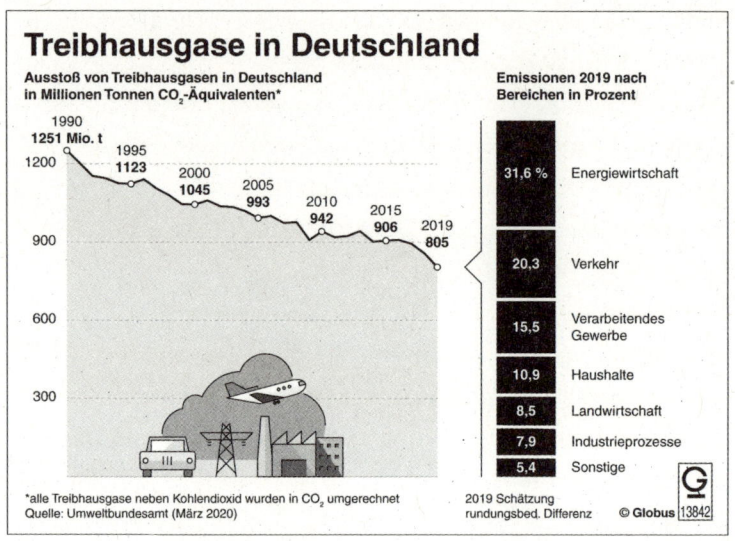

Treibhausgase in Deutschland

Ausstoß von Treibhausgasen in Deutschland
in Millionen Tonnen CO$_2$-Äquivalenten*

Emissionen 2019 nach
Bereichen in Prozent

1990
1251 Mio. t
1200
1995
1123
2000
1045
2005
993
2010
942
2015
906
2019
805
900
600
300

31,6 %	Energiewirtschaft
20,3	Verkehr
15,5	Verarbeitendes Gewerbe
10,9	Haushalte
8,5	Landwirtschaft
7,9	Industrieprozesse
5,4	Sonstige

*alle Treibhausgase neben Kohlendioxid wurden in CO$_2$ umgerechnet
Quelle: Umweltbundesamt (März 2020)

2019 Schätzung
rundungsbed. Differenz © **Globus** 13842

kommt zusätzliches CO$_2$ in die Atmosphäre, was dazu führt, dass sich die Erde stärker erwärmt.

Wenn die Erwärmung damals etwas Gutes war, wieso ist sie dann heute schlecht? Ein kleiner Selbstversuch hilft, sofort die Antwort zu finden. Mit dünner Kleidung im Winter durch den tiefen Schnee zu laufen, ist mindestens so unangenehm wie im Hochsommer in der prallen Sonne mit dickem Wollpullover und Anorak. Den Selbstversuch sollte man nach wenigen Minuten abbrechen, denn auf die Dauer sind große Kälte und große Hitze gleich schädlich und machen krank. Wichtig für jeden Menschen ist, dass er eine mittlere Temperatur zum Leben hat – das gilt auch für alle Tiere und Pflanzen auf dem gesamten Globus.

Umhüllt der Mensch die Erde mit zu vielen Lagen aus Abgasen, dann werden Regulierungsmechanismen gestört. Das Leben auf der Erde würde ebenso an den Folgen leiden wie ein Mensch, der auf Dauer seinen Körper überhitzt.

In der fernen Erdvergangenheit drohte der Erde schon einmal eine Überhitzungskatastrophe. Zwar haben Vulkane durch den Treibhauseffekt überhaupt erst die Grundlage für alles Leben auf der Erde geschaffen, aber ab einem bestimmten Punkt produzierten sie viel zu viel von dem Treibhausgas CO_2.

Wie die Geschichte der Erde hätte weitergehen können, sieht man heute bei einem Planeten ganz in unserer Nachbarschaft. Auf der Venus pumpten die Vulkane so viel CO_2 in die Atmosphäre, dass der Treibhauseffekt dort völlig aus dem Ruder lief. Die Oberflächentemperatur der Venus erreicht bis heute um die 400 °C. Dort ist kein Leben möglich. Auf der Erde hatte das Leben mehr Glück, denn hier gab es ein gutes Gegenmittel gegen zu viel CO_2, nämlich Wasser. Ein Teil war als Wasserdampf bereits in der Atmosphäre enthalten, ein anderer Teil stammte aus dem Erdinneren und wurde von den Vulkanen zusammen mit Lava an die Oberfläche transportiert. Einmal an der Oberfläche angekommen, verdampfte auch dieses Wasser und erhöhte den Wasserdampfgehalt der Atmosphäre. Ein weiterer Teil könnte durch Kometen auf unseren Planeten gelangt sein.

Wasser aus dem All

Lange Zeit war man sich in der Wissenschaft nicht einig, ob und wie viel Wasser Kometen transportieren. Um diese Frage ein für alle Mal zu klären, ließ die amerikanische Weltraumbehörde NASA 2005 einen Satelliten mit dem Kometen Tempel 1 zusammenstoßen. Obwohl der Satellit den Kometen nur geringfügig beschädigte, spritzten über 230 Millionen

Liter Wasser heraus. Das ist ungefähr so viel Wasser wie in 200 Schwimmbecken passt, wie sie für die Olympischen Spiele benutzt werden. Kometen sind also gigantische Wasserspeicher, die eine bedeutende Rolle für die Entstehung der Ozeane auf der Erde gespielt haben könnten.

Zunächst sammelte sich das Wasser als Dampf in der Atmosphäre. Wasserdampf ist wie CO_2 ein Treibhausgas. Befindet sich viel Wasserdampf in der Atmosphäre, wird es durch den Treibhauseffekt wärmer. Je wärmer es ist, desto mehr Wasser verdunstet. Schließlich war so viel Wasserdampf in der Luft, dass es anfing zu regnen. Und es regnete und regnete, als wollte es niemals mehr aufhören. Gegen diesen Regen hätte der beste Regenschirm nichts genützt, denn die Regenzeit dauerte viele Millionen Jahre an. Heute wäre ein solcher Regen möglicherweise das Ende der menschlichen Zivilisation, aber damals, in der Frühzeit der Erde, begann ein ungewöhnlicher Kreislauf, von dem wir noch heute profitieren.

Das Regenwasser wusch Treibhausgase wie das CO_2 aus der Atmosphäre heraus und beides zusammen ging als *saurer Regen** nieder. Das war zu dieser Zeit nicht schlimm, weil es noch keine Pflanzen gab, die der saure Regen hätte schädigen können. Heute ist saurer Regen, der durch die vielen Abgase entsteht, ein ernstes Umweltproblem in vielen Regionen der Erde. Am Boden angekommen, reagierte das CO_2 mit Mineralien in den Gesteinen zu *Karbonaten**. Diese Salze wurden in die Flüsse gewaschen und nach und nach ins Meer geschwemmt. Schließlich lagerten sich die Karbonate am Meeresboden ab und wurden zu festem Gestein. Die Gefahr der Überhitzung war gebannt.

Weil die Vulkane aber immer weiter Kohlenstoff in die Atmosphäre sprühten, kühlte der Planet im Anschluss an den großen Regen nicht völlig aus. Nach einigem Hin und Her und vielen Umwegen entstand schließlich ein Gleichgewicht zwischen CO_2-Ausstoß und -entzug und die Erde wurde zu einem gut temperierten Planeten, auf dem das Leben nicht nur entstehen, sondern sich auch bis heute halten konnte.

Das System arbeitet wie ein *Heizungsthermostat**. Wenn das CO_2 in der Luft ansteigt und es zu warm wird, nimmt die Atmosphäre auch mehr Wasserdampf auf. Der Regen nimmt zu, das überflüssige Treibhausgas wird durch den Regen aus der Atmosphäre gewaschen und reagiert am Boden mit anderen Stoffen, sodass es nicht mehr in die Atmosphäre zurückkehren kann. Der Planet kühlt ab. Wenn es dagegen zu kalt wird, gibt es weniger Regen und die Vulkane bessern den Schutzmantel der Erde wieder aus, indem sie neues CO_2 ausstoßen. Dieser Kreislauf funktioniert auch heute noch. Auf diese Weise wird es niemals zu heiß oder zu kalt. Im Prinzip eine tolle Sache, aber nicht immer funktionierte das System einwandfrei. Manchmal setzte das Thermostat aus und es wurde eben doch zu heiß oder zu kalt. Der Erde haben diese Extreme nie geschadet, für das Leben auf ihr waren sie allerdings von höchster Bedeutung.

Die ersten Lebewesen

Die ersten Bewohner der Erde waren einfache Einzeller, die vor ungefähr 3,8 Milliarden Jahren den Planeten besiedelten. Man weiß nicht genau, wo und wie sie entstanden sind. Die meisten Forscherinnen und Forscher glauben heute, dass sie auf dem Meeresboden in der Nähe von heißen mineralischen Quellen entstanden sind. Sicher ist eigentlich nur, dass sie offenbar ideale Voraussetzungen auf der Erde vorfanden, denn sie vermehrten sich enorm. Die Welt war mehr oder weniger von Bakterienschleim überzogen.

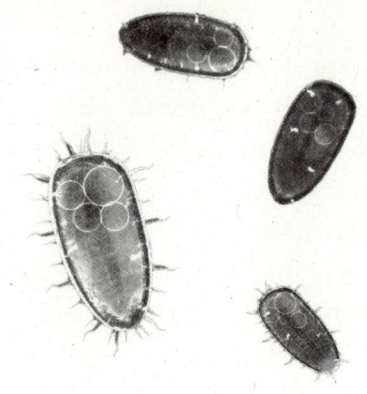

Einzeller waren die ersten Lebewesen auf der Erde.

Hätte das Kohlenstoff-Thermostat immer perfekt gearbeitet, wäre die Erde vermutlich bis heute ein Schleimplanet geblieben, aber nachdem die Bakterien rund 3 Milliarden Jahre allein den Planeten beherrscht hatten, versagte die Regulierung zum ersten Mal in größerem Maßstab. Die Katastrophe war so gewaltig, dass sie das gesamte Leben auf der Erde fast ausgelöscht hätte. Damals klappte das Aufladen der Atmosphäre mit neuem Kohlenstoff nicht so ganz. Die Ursache ist unklar. Vielleicht legten die Vulkane eine Feuerpause ein, vielleicht waren andere Faktoren verantwortlich. Das Ergebnis der Regelungsfehler war jedenfalls, dass sich die Erde in einen gewaltigen „Schneeball" verwandelte. Es gab nichts als Eis – von den Polen bis zum Äquator.

Als das Eis erst einmal angefangen hatte, sich auszudehnen, war es nicht mehr zu stoppen. Die weiße Eisdecke warf die wärmenden Sonnenstrahlen einfach zurück. Die Erde kühlte immer mehr ab. Und je mehr Eis entstand, desto weniger Strahlen erreichten die Planetenoberfläche. Man kann sich das Klima damals kaum vorstellen. Nur in der Antarktis herrschen heute vergleichbare Temperaturen.

In der Antarktis leben heutzutage wenige hoch spezialisierte Tierarten, zum Beispiel Pinguine. Sie können in ihrer lebensfeindlichen Umwelt aber nur deshalb überleben, weil sie ihr Futter aus einem gemäßigteren Lebensraum, dem Meer, beziehen. Könnten sie nicht immer wieder in diese fruchtbare Umgebung zurück, würden sie umkommen. Vor einer Milliarde Jahre gab es auf dem „Schneeball" Erde solche Erholungsgebiete aber nicht. Alles war gefroren, eine unendliche, todbringende Eiswüste. Erst als die Vulkane ebenso unerwartet ihre Tätigkeit wieder aufnahmen, erwärmte sich die Erde erneut. Alles hätte so sein

Das Klima hat dazu beigetragen, dass sich zahlreiche Tierarten entwickelt haben.

können wie vorher: eine Welt der Bakterien für weitere Jahrmillionen.

Aber die tödlichen Eismassen hatten offenbar einen wichtigen Evolutionsschritt bewirkt. Genau in die Zeit nach der großen Eiswüste fällt die Entstehung von Lebewesen, die aus mehr als einer Zelle bestehen. Dieser Schritt gehört zu den bedeutendsten in der langen Entwicklungsgeschichte des Lebens. Die Mehrzeller brachten in den kommenden Jahrmillionen eine unüberschaubar große Anzahl von Formen hervor: Bienen, Schnecken, Frösche, Adler, Löwen … Obwohl sie sehr unterschiedlich sind, haben sie alle eines gemeinsam: Sie sind Mehrzeller und haben ihren Ursprung in den frühen Formen, die sich nach dem „Schneeball" Erde entwickelt haben. Dies gilt auch für den Menschen. Wie dieser wichtige Entwicklungsschritt geschehen konnte, weiß man nicht. Offenbar war es in jener lebensfeindlichen Umgebung ein Vorteil für die *Mikroorganismen**, sich zusammenzutun. Als der Klimaregler der Erde wieder zu arbeiten begann und die Vulkane von Neuem CO_2 freisetzten, war der Weg frei für eine bis dahin ungekannte Vielfalt des Lebens.

Die Evolution, die Entwicklung des Lebens, verlief jedoch auch in der weiteren Erdgeschichte nicht ohne Zwischenfälle. Katastrophale Ausfälle der Klimaregelung hat es bis heute immer wieder gegeben. Ihre Ursachen waren unterschiedlich. Manchmal sorgten die Vulkane durch Über- oder Unterversorgung der Atmosphäre mit CO_2 für Probleme, manchmal kam die Klimamaschine aber auch durch Störungen von außen aus dem Gleichgewicht. Meteoriten, Asteroiden und Kometen können verheerende Auswirkungen haben. Das bekannteste Ereignis, bei dem ein Himmelskörper das Erdklima völlig durcheinanderbrachte, war ein Meteoriteneinschlag vor 65 Millionen Jahren, der das Aussterben der Dinosaurier verursacht haben soll. Das Geschoss aus dem Weltall soll bei seinem Aufprall so viel Staub in die Atmosphäre geschleudert haben, dass sich der Himmel verdunkelte und das Sonnenlicht nicht mehr durchdringen

Vor den Säugetieren herrschten die Dinosaurier über die Erde.

konnte. Dadurch herrschten für einen längeren Zeitraum arktische Temperaturen auf der Erde. Das Aussterben der Saurier war jedoch nicht für alle schlecht. Den Säugetieren ermöglichte es, die verschiedenen Lebensräume zu besiedeln, die zuvor von den riesigen Echsen besetzt waren, und eine unglaubliche Vielfalt an Arten zu entwickeln.

Auch die Entwicklung der Menschen ist entscheidend von Klima und Klimawandel geprägt. Eine Eiszeit sorgte dafür, dass im afrikanischen Lebensraum unserer frühen Vorfahren die Bäume verschwanden und sich Savannenlandschaften mit großen Seen ausbreiteten. An den Ufern dieser Seen könnten sich die Vorfahren der Menschen eine neue Nahrungsquelle erschlossen haben: Fisch. Manche Forschende glauben sogar, dass das anstrengende Waten im Wasser der Seen, um Krebse zu suchen und Fische zu fangen, zur Entwicklung des aufrechten Ganges beigetragen haben könnte. Im Gegensatz zu ihren entfernten Verwandten, den Menschenaffen, haben Menschen die Hände beim Gehen frei und können sie für andere Dinge nutzen. Nur deshalb konnten sie Werkzeuge einsetzen und später selbst herstellen. Das menschliche Gehirn wuchs und so sind wir bis heute in der Lage, immer komplexere Dinge zu erfinden.

Während anderer Eiszeiten trockneten Teile der Ozeane aus. Weil große Wassermengen in den gewaltigen Eisschilden eingefroren waren, regnete es immer weniger und der Meeresspiegel sank. Das führte dazu, dass man zu Fuß andere Erdteile erreichen konnte. Auf diese Weise kamen die ersten Menschen vermutlich sogar bis nach Amerika.

Das sind nur einige Beispiele, die zeigen, wie das Klima nicht nur die Oberfläche der Erde mit ihren Pflanzen und Tieren, sondern auch den Menschen immer wieder geformt hat und noch weiter formt. Das gegenwärtige Klima herrscht auf der Erde mit kleineren Schwankungen seit ungefähr 11.000 Jahren. Wir können noch nicht abschätzen, welche Entwicklungen die Evolution in Zukunft für uns bereithält. Vielleicht wird es in Jahrmillionen auch wieder mehr Sauerstoff auf der Erde geben und einen Urwald mit Rieseninsekten. Und vielleicht kann sich der Mensch ebenfalls an eine solche Umgebung anpassen. Dann könnte ein Spaziergänger die wundersame Welt einer entfernten Verwandten der Meganeura bestaunen.

Enten auf großer Fahrt

Die Ozeane bestimmen unser Klima. Dafür gibt es nicht nur einen, sondern 29.000 Beweise.

Im Jahr 1992 verlor ein Frachtschiff während eines heftigen Sturms im mittleren Pazifik Teile seiner Fracht. Damals waren der Kapitän verzweifelt, die Mannschaft machtlos und der Besitzer des Schiffs wütend, aber sonst passierte nichts Außergewöhnliches. Oder doch? Niemand ahnte zu diesem Zeitpunkt, dass der Unfall die Klimaforschung einen entscheidenden Schritt weiterbringen würde. An Bord des Schiffes hatte sich nämlich eine sehr spezielle Fracht befunden: Plastikentchen. Als die Riesencontainer aus dem Schiff fielen und zerbrachen, wurden 29.000 der kleinen Badetiere ins Meer geschüttet und

Entchen im Eis – viele der kleinen Reisenden froren in nördlichen Meeren ein, bevor sie ihre Reise fortsetzen konnten.

begannen eine unglaubliche Reise rund um den Globus. Ohne eigenen Antrieb wurden sie von Kräften weitertransportiert, die man lange unterschätzt hatte: die Meeresströmungen.

Zunächst ergriffen die starken Oberflächenströmungen des Pazifischen Ozeans die freigesetzten Entchen. Damit ist das schnell fließende Wasser gemeint, das die oberste Schicht eines jeden Ozeans bis in eine Tiefe von etwa 300 Metern bildet. 300 Meter, das klingt zwar nach sehr viel, umfasst aber nur einen ganz kleinen Teil des Meerwassers – eben nur die Oberfläche. Die Ozeane der Erde sind bis zu 11 Kilometer tief. Die Oberflächenströmungen durchziehen die Meere kreuz und quer wie ein riesiges Netz von Autobahnen, Bundesstraßen und Landstraßen – nur dass sie den Antrieb gleich mitliefern. Die Plastikentchen zumindest hatten keine Wahl und wurden einfach mitgerissen.

Nach und nach rückte auch in den Fokus der Wissenschaft, dass an den unterschiedlichsten Orten der Welt Spielzeugentchen angeschwemmt wurden. Kurzerhand wurde eine Art „Kopfgeld" für jede gefundene Ente ausgesetzt. Die Forschenden ließen sich genau beschreiben, wo die gelben Plastikvögel wieder an Land gegangen waren, und erhielten die erstaunlichsten Ergebnisse.

Eine große Anzahl beendete ihre Reise in Hawaii, aber viele andere tauchten plötzlich hoch im Norden auf. Sie waren offenbar aus dem Pazifik hinausgetrieben und durch die heimtückische Beringstraße in den Arktischen Ozean geschwemmt worden.

Dort froren sie erst einmal ein und waren für mehrere Jahre

Überall auf der Welt wurden Plastikentchen angeschwemmt.

im Packeis gefangen. Sobald das Eis schmolz, setzten sie ihre Reise in Richtung Süden einfach durch den Atlantik fort. Noch acht Jahre nachdem sie in den Pazifischen Ozean gefallen waren, wurden verblasste Entchen an den Küsten Nordamerikas, Kanadas, Großbritanniens und sogar Islands gefunden. Diese Nachzügler waren ganz ohne eigenen Antrieb über drei Ozeane und jede Menge anderer Meere transportiert worden.

Die Wissenschaftler und Wissenschaftlerinnen staunten nicht schlecht, als sie ihre Erkenntnisse zusammentrugen. Obwohl man seit Jahrhunderten wusste, dass es Oberflächenströmungen gibt, hatten erst die reisefreudigen Plastikentchen bewiesen, wie umfassend und gewaltig das Netz der Ozeanautobahnen wirklich ist.

Die Wettermaschine

Wasserautobahnen

Jeder, der schon einmal am Meer war, weiß, dass Strömungen sehr stark und gefährlich sein können. Manchmal gibt es sogar Badeverbot, weil die Gefahr besteht, dass selbst gute Schwimmer auf das Meer hinausgezogen werden und ertrinken. Diese für den Menschen sehr wichtigen küstennahen Strömungen, die *Gezeiten**, kennt man schon sehr lange. Auch einige der großen Strömungen, die ganze Ozeane durchqueren, waren teilweise erforscht, wenn sie zum Beispiel für den Fischfang Bedeutung hatten. Aber erst durch die Reisewege der Plastikentchen erfuhr die Wissenschaft mehr über das komplizierte Netz von Strömungen, das sich durch alle Meere zieht und als gewaltiger Motor die Wettermaschine antreibt.

Genauso wie die Oberflächenströmungen die Enten eingefangen haben, nehmen sie ununterbrochen auch Wärme auf und verteilen sie überall auf dem Globus. Ozeane sind die wirkungsvollsten Wärmespeicher der Welt. Die obersten Meter der Weltmeere absorbieren so viel Hitze wie die gesamte Atmosphäre. Diese Speicherqualitäten sind an sich schon außergewöhnlich, aber erst die Möglichkeit, Wärme über die Oberflächenströmungen weltweit zu verteilen, macht die Ozeane zum Klimamotor der Erde.

Eine dieser gigantischen Strömungsautobahnen ist besonders gut untersucht, weil sie für uns in Europa eine besondere Bedeutung hat: der Golfstrom. Auf Wärmebildern von Satelliten kann man diese Strömung sehr gut erkennen, weil sie reichlich warmes Wasser mit sich führt. Schon seit 3 Millionen Jahren schlängelt sich dieses riesige Wasserband quer über den Atlantischen Ozean.

Zuvor waren die Kontinente Nord- und Südamerika völlig voneinander getrennt. Eine warme Strömung floss durch die Lücke zwischen den Erdteilen und verband den Pazifischen und den Atlantischen Ozean miteinander. Dann änderte sich alles. Die zwei Kontinente wanderten aufeinander zu. Als sie schließlich zusammenstießen, wurde eine dünne Kette von Vulkanen aufgefaltet, die die Lücke verschloss. Man nennt dieses Gebiet heute Isthmus von Panama. Diese vergleichsweise kleine Veränderung war eines der wichtigsten geologischen Ereignisse der letzten 60 Millionen Jahre.

Die warmen Wassermassen, die zuvor zwischen Nord- und Südamerika hindurchgeströmt waren, wurden umgeleitet. Sie umfließen seitdem den Golf von Mexiko und fluten weiter durch den Atlantik in Richtung Norden. Schließlich entstand das heutige Muster von Strömen, das wir Golfstrom nennen. Sein Einfluss auf Europa ist enorm.

Der Golfstrom bringt warme Wassermassen aus dem Süden bis in die Arktis. Unterwegs geben sie

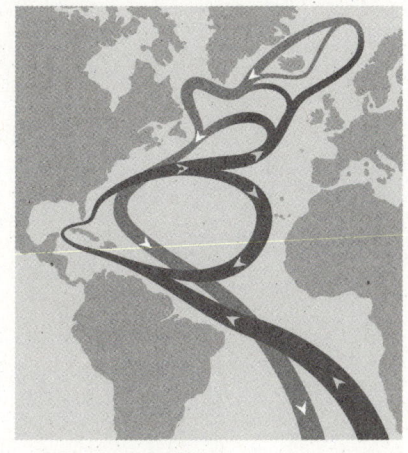

Der Golfstrom sorgt für ein mildes Klima in Europa.

ihre Wärme an den Kontinent ab wie heißes Wasser, das um einen Eiswürfel fließt und ihn langsam auftaut. Dabei erhöhen sie die Durchschnittstemperaturen um runde 10 °C. Nur durch den Golfstrom wurde aus einer eisigen Wildnis in Europa ein angenehm temperierter grüner Kontinent. Bis zum heutigen Tag bestimmt der Golfstrom die Temperatur Europas von Frankreich bis hinauf nach Skandinavien. Sollte er irgendwann seinen Verlauf ändern, dann müssten sich fast alle Europäer ein neues Zuhause suchen. Denn wenn das Klima sich im Schnitt um 10 °C abkühlt, dann bedeutet das nicht, dass man eine neue Daunenjacke und dicke Ohrenschützer braucht, sondern dass man sich mit einer dauerhaft gefrorenen kilometerdicken Eisdecke auseinandersetzen muss.

Für die Entwicklung der Menschen waren verschiedene Klimawandel von besonderer Bedeutung. Vielleicht hätten sie ohne

Ohne den Golfstrom würde Europa unter Schnee begraben.

diese Aufs und Abs der Umweltbedingungen niemals die Gelegenheit bekommen, Afrika zu verlassen und den gesamten Erdball zu besiedeln. Einige Forschende glauben sogar, dass sie sich nur deshalb zu intelligenten Wesen mit einer Kultur entwickelt haben, weil sie sich immer neue Dinge ausdenken mussten, um mit neuen klimatischen Herausforderungen fertigzuwerden. So konnten sie der Kälte nur trotzen, weil sie den Gebrauch des Feuers entdeckten und Kleidungsstücke erfanden. Außerdem entwickelten sie Waffen und Werkzeuge, mit deren Hilfe sie ganz unterschiedliche Beutetiere jagen konnten. Die ersten, die sich aus Afrika aufmachten und fast die ganze Welt besiedelten, nannte man „Homo erectus". Später kamen dann unsere direkten Vorfahren, die in der Forschung genau so heißen wie wir: „Homo sapiens". Ohne den Golfstrom hätten diese beiden Menschentypen Europa nie besiedeln können.

Wie groß der Einfluss des Golfstroms auch ist, es gibt ein noch viel gewaltigeres Strömungssystem, dessen Bedeutung erst nach und nach erforscht wird. Diese unglaubliche Strömung durchquert fast alle Ozeane der Welt und beeinflusst das Klima und damit das Leben aller Bewohner unseres Planeten. Ohne diese Strömung würde das Wasser am Äquator viel zu heiß werden und nichts könnte darin überleben. Gleichzeitig würden sich die Eiskappen der Pole in kürzester Zeit ausbreiten und Land und Meer um sie herum einfrieren. Man nennt diese Superströmung ganz schlicht das „Globale Förderband".

Im Gegensatz zu seiner weltweiten Bedeutung ist seine Funktionsweise unglaublich einfach. Tatsächlich bewegt es sich wie ein gigantisches Förderband durch den Ozean, nimmt am Äquator

Wärme auf und transportiert sie nach Norden. Hier trifft es auf den Golfstrom, der von seiner langen Reise schon etwas abgeschwächt ist. Gemeinsam fließen Förderband und Golfstrom weiter nach Norden und versorgen unterwegs die Umgebung mit Wärme. Das Förderband bringt mit großem Einsatz die Arbeit zu Ende, die der Golfstrom angefangen hat. Seine riesigen Dimensionen sind nicht leicht zu verstehen und auch noch nicht vollständig erforscht. Immerhin hat die Wissenschaft herausgefunden, dass es ein Drittel so viel Energie nach Island transportiert wie der gesamte Nordatlantik an Sonnenlicht absorbiert.

Aber die Reise nach Norden ist erst die halbe Geschichte. Wenn das Förderband die Arktis erreicht, hat es schon einen Großteil seiner Wärme unterwegs an das Land abgegeben und ist deutlich abgekühlt. Dadurch wird das Wasser dichter und schwerer. Außerdem sind die Fluten, wenn sie im Norden ankommen, viel salziger als normales Meerwasser. Das kommt daher, dass während der langen Reise nach Norden viel Wasser verdunstet, während das Salz zurückbleibt. Die Kombination von niedriger Temperatur und steigendem Salzgehalt macht das Wasser so dicht und schwer, dass es nach unten zum Meeresboden sinkt.

Da ständig Nachschub von oben kommt, wird das Wasser auf dem Meeresboden immer weitergeschoben. Es ist eine langsame Reise und ein weiter Weg. An der Dänemarkstraße, der Meerenge zwischen Grönland und Island, rutscht das Wasser über eine riesige Unterwasserrutschbahn. Der Meeresboden sinkt ab und das kalte, salzhaltige Wasser fällt 3,5 Kilometer über die Kante des größten und kraftvollsten Wasserfalls der Erde. Leider kann man dieses Spektakel nicht sehen, sondern nur messen. Die

Angel Falls in Venezuela sind mit beeindruckenden 1.000 Metern die größten Wasserfälle der Welt, aber dieser Meereswasserfall würde an Land jeden Rekord brechen. Auf dem Meeresboden angelangt, fließen die Wassermassen wieder zurück in Richtung Süden. Sie bewegen sich ungefähr entlang der gleichen Route wie auf ihrem Weg nach Norden, aber diesmal fluten sie nicht direkt unter der Oberfläche entlang, sondern dicht über dem Meeresboden. Die Polarregion wirkt wie eine gewaltige Pumpe, die das Globale Förderband am Laufen hält.

Das in der Polarregion abgekühlte Wasser enthält mehr Sauerstoff als warmes Wasser, denn beim Absinken werden mit den Wassermassen große Mengen Sauerstoff in die Tiefe gerissen. Ohne diese dauerhafte Sauerstoffzufuhr wäre die Tiefsee eine

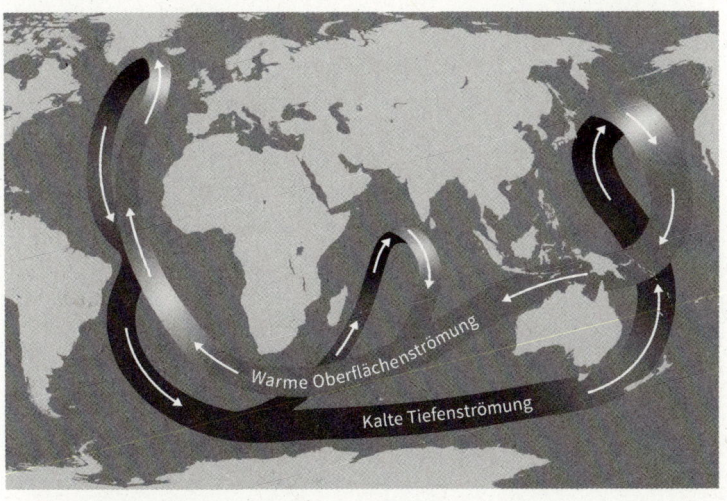

Das Globale Förderband sammelt als Oberflächenströmung Sauerstoff und Wärme auf, als Tiefenströmung Nährstoffe. Seine wertvolle Fracht transportiert es dahin, wo sie gebraucht wird.

Der riesige Walhai filtert normalerweise Plankton aus dem Meer. Wegen des Klimawandels gibt es jedoch immer weniger Plankton, sodass die Giganten ihre Nahrung zunehmend auf Fisch umstellen.

leblose Wüste. Aber das Globale Förderband lässt nicht nur wertvolle Fracht am Meeresboden zurück, sondern nimmt dort unten auch neue Ladung auf. Das Wasser auf dem Meeresboden ist sehr nährstoffreich. Hier sammeln sich abgestorbene Pflanzen- und Tierreste und werden von Bakterien zersetzt. Auf seinem Weg nach Süden reißt das Förderband in der Tiefsee große Mengen von Nährstoffen mit sich.

Weil immer neues Wasser an den Polen absinkt und auf dem Meeresgrund nach Süden befördert wird, drücken die nachströmenden Fluten das nährstoffreiche Wasser vom Meeresboden an einigen Stellen wieder an die Oberfläche. Eine der wichtigsten Regionen, an denen das Wasser mit seiner wertvollen Fracht nach oben gespült wird, liegt ausgerechnet in der Nähe der Antarktis. An Land ist die Antarktis eine unfruchtbare Eiswüste, aber die Gewässer, die sie umspülen, gehören zu den fruchtbarsten der Erde. Kein Wunder, dass sich hier tonnenweise mikroskopisch kleine Organismen einfinden, um das Schlaraffenland aus der Tiefe zu genießen. Diese Einzeller wiederum, die man als *Plankton** bezeichnet, sind eine der größten Nahrungsreserven auf dem gesamten Planeten, die Basis eines gigantischen *Ökosystems**. Ganz gleich, ob Vögel, Wale, Fische oder Krebse – sie alle sind ausnahmslos von der Menge des Planktons abhängig.

Schließlich transportiert das Globale Förderband die Wassermassen wieder zurück in Richtung Norden, lädt sich am Äquator mit Wärme auf und nimmt erneut Kurs auf die Arktis. Der ganze Trip dauert über 1.000 Jahre. Niemand bemerkt im Alltag dieses wundervolle Transportsystem, das die Grundvoraussetzungen für unser Leben – Sauerstoff, Wärme und Nahrung – auf der Welt verteilt. Und auch die Wissenschaft beginnt erst seit Kurzem, seine wirkliche Bedeutung zu erforschen.

Paddeltour mit Pannen

Paul Hastings war nahe daran aufzugeben. Er saß in seinem Kajak mitten auf dem Pazifischen Ozean fest. Kein Lüftchen regte sich, das er mit seinem Segel hätte nutzen können. Die Sonne brannte unerbittlich auf ihn herab. Trotzdem durfte er nicht aufgeben, er musste weiterpaddeln. Wenn er nicht gegen die Strömung anpaddelte, würde er von ihr weggetragen werden – er konnte sich nicht einmal vorstellen, wohin.

Wie war er nur in diese Situation geraten? Was hatte er falsch gemacht? Sein Plan, den Pazifik mit einem Kajak zu überqueren, war von vielen verlacht worden. Einige hatten ihn sogar für verrückt gehalten, aber er hatte alles genau berechnet und geplant. Der Abenteurer war in Topform, hatte sich über Wetter- und Strömungsverhältnisse genau informiert und seine Vorräte, vor allem natürlich die Süßwasserreserven, exakt berechnet. Zunächst war ja auch alles nach Plan verlaufen. Wind und Strömungen waren genau so gewesen, wie er es sich vorgestellt hatte, und er war gut vorangekommen. Sein Kajak war mit einem kleinen Segel ausgestattet und meist hielt er ein gutes Tempo, ohne mit dem Paddel nachhelfen zu müssen.

Dann, nach zehn Tagen, änderte sich alles. Mitten auf dem scheinbar unendlichen Ozean stand der Wind ganz plötzlich still – einfach so, ohne Vorwarnung. Es wurde immer wärmer, und weil sich nicht das kleinste Lüftchen regte, musste Paul sich von da an mit Muskelkraft fortbewegen. Er paddelte, aber die Strömung, gegen die er anpaddeln musste, schien immer stärker zu werden.

Ob mit oder ohne Segel – eine Fahrt mit dem Kajak übers Meer kann gefährlich werden.

Zuerst dachte er, er hätte vielleicht einen Sonnenstich und all diese schlimmen Veränderungen passierten nur in seiner Fantasie. Bald musste er jedoch erkennen, dass die unerwarteten Erscheinungen gefährliche Realität waren. Paul saß auf einer gigantischen Wasserfläche fest und konnte sich nicht aus eigener Kraft retten. Seine Vorräte, vor allem das Trinkwasser gingen zur Neige. Er begann, daran zu glauben, dass nur ein böser Teufel ihn in diese Situation gebracht haben könne. Nach drei zermürbenden Tagen am selben Fleck war er nahe daran aufzugeben. Da entdeckte ihn endlich ein Schiff und rettete ihn aus höchster Not.

Klima im Wandel?

El Niño – das chaotische Christkind

Was war passiert? Paul hatte sich gründlich vorbereitet und alle Wetterdaten in seine Berechnungen einbezogen. Weshalb hatte sein präzise ausgearbeiteter Plan nicht funktioniert? Sein Scheitern war ganz und gar nicht das Werk des Teufels, vielmehr hatte hier das Christkind seine Finger im Spiel. „Das Christkind" oder auch „El Niño" ist ein Wetterphänomen, das immer wieder einmal alle möglichen Wetterbedingungen auf den Kopf stellt und überall auf der Welt für Chaos sorgt. Seinen Namen hat das wilde Christkind von peruanischen Fischern bekommen. An den Küstenzonen Perus taucht El Niño nämlich ausgerechnet kurz vor Weihnachten auf, und zwar mit verheerenden Folgen. Normalerweise haben die Fischer zu dieser Jahreszeit keine Probleme mit dem Fischfang, aber wenn El Niño kommt, bleibt das Meer leer und die Fischer leiden große Not.

Die Wissenschaft nennt dieses Phänomen eine „Klimaanomalie". Das bedeutet, dass das Klima für einen gewissen Zeitraum anders ist als sonst üblich. Wenn man eine solche unnormale Klimaerscheinung genauer untersucht, kann man auch eine ganze Menge über die Entstehung des normalen Klimas erfahren.

In den Jahren, in denen El Niño nicht alles durcheinanderbringt, weht am Äquator ein Wind von Südost nach West, den man „Südostpassat" nennt. Dieser Wind nimmt das kühle Oberflächenwasser von der südamerikanischen Küste mit nach Westen. Unterwegs wird das Wasser von der Sonne aufgewärmt. Wenn es dann in Indonesien ankommt, ist es sehr warm, verdunstet und bildet ein Tief. Das heißt: Es regnet. Die Pflanzen und Tiere in Indonesien sind ganz und gar an ein feuchtwarmes Klima angepasst und deshalb auf die Regenfälle angewiesen.

Die Wassermassen aus Südamerika beeinflussen also das Wetter am anderen Ende der Welt. Aber längst nicht alles Wasser verdunstet unterwegs, ein großer Teil wird vor Indonesien nach unten auf den Meeresboden gedrückt. Dieses Wasser kühlt ab und beginnt nun, in die Gegenrichtung zu strömen, weil immer neues Wasser nachkommt. Es entsteht also ein Kreislauf. An der Oberfläche fließt Wasser von Südamerika nach Indonesien, das während seiner Reise immer wärmer wird. Unten am Meeresboden bewegen sich die Fluten von Indonesien zurück nach Südamerika und kühlen auf ihrem Weg immer mehr ab.

Sobald der Rückstrom Südamerika erreicht hat, wird das kalte Wasser wieder nach oben gedrückt. Weil es dabei unglaublich viele Nährstoffe vom Meeresgrund mit nach oben bringt, sammeln sich riesige Fischschwärme vor der Küste. Es gibt dann so viel Nahrung, dass die Fische dicht an dicht schwimmen können und trotzdem keine Angst haben müssen, nichts abzubekommen. Den Fischern in Peru bringt dieser Zustrom von kaltem Wasser eine gute Fangsaison. Alle paar Jahre macht ihnen El Niño jedoch einen Strich durch die Rechnung.

Wie ein ungezogenes Kleinkind, das ständig am Lichtschalter spielt, knipst das Christkind den Passatwind hin und wieder einfach aus. Die Folgen sind dramatisch. Das Oberflächenwasser wird nicht mehr von Osten nach Westen transportiert, sondern schwappt sogar zurück, weil sich vor Indonesien ein Stau bildet.

Um die Weihnachtszeit lohnt sich vor der Küste Südamerikas der Fischfang – solange El Niño nicht dazwischenfunkt.

Normalerweise sinken die Wassermassen dort nicht so schnell ab, wie die Winde neue Fluten herantreiben. All dieser Überschuss rollt sofort zurück, sobald der Passat aufhört zu wehen. Und genau dieser Effekt hätte Paul Hastings während seiner Fahrt über den Pazifik fast das Leben gekostet. Statt wie geplant mithilfe des Passatwindes schnell an sein Ziel zu gelangen, geriet er in eine Flaute und musste zusätzlich sogar gegen die zurückströmenden Wassermassen anpaddeln.

Aber das chaotische Christkind hat nicht nur Pauls Kajaküberfahrt vermasselt. Dadurch dass sich Wind und Wasser nicht bewegen, steigt vor Südamerika kein kühles, nährstoffreiches Wasser mehr auf und die Fische müssen sich anderswo im großen Ozean Nahrung suchen. Landtiere, die sich von Fisch ernähren, können den Schwärmen nicht folgen und sterben. Auch für die Menschen der Region sieht die Lage kritisch aus. Wenn die Fischindustrie zusammenbricht, drohen Arbeitslosigkeit, Hunger und Armut.

Damit nicht genug. Wenn das Oberflächenwasser vor der Küste Südamerikas nicht ununterbrochen vom Passatwind abtransportiert wird, erwärmt es sich einfach direkt vor der Küste und verdunstet dort. Tiefs entstehen und es regnet in Südamerika. Dort sind Pflanzen und Tiere an große Trockenheit und kühleres Wetter angepasst. Die ungewohnten, zum Teil sehr heftigen Regenfälle verwüsten den Kontinent durch Fluten und Erdrutsche. Manchmal bilden sich aus dem verdunsteten Wasser über dem Meer sogar Hurrikane, die nach Norden in Richtung Mittelamerika ziehen und weite Landstriche zerstören. 2015/16 erreichten die warmen Fluten des El Niño Rekordhöhen. Etwa 60 Millionen Menschen, die auf der ganzen Welt verteilt leben, waren von den Folgen betroffen. Die Wissen-

El Niño verändert nicht nur die Wasserströme. Auch der Strömungskreislauf der Luft über dem äquatorialen Pazifik, die sogenannte Walker-Zirkulation, wird gestört.

schaft geht davon aus, dass die Erwärmung durch das teuflische Christkind auch maßgeblich zu einem weltweiten Korallensterben beitrug. Besonders stark traf es die Korallenriffe rund um die USA. Dort wurden 95 Prozent des Korallenbestands zerstört. Was an der Küste Südamerikas zu viel ist, fehlt auf der anderen Seite des Ozeans in Indonesien und anderen Teilen Asiens. Unter normalen Bedingungen sollte hier der Monsun wehen. Das ist ein warmer Wind, der für die Landwirtschaft in Asien enorm wichtig ist, weil er den Regen bringt. In El-Niño-Jahren fallen Wind und Regen komplett aus oder sind viel schwächer als sonst. Die Folge sind Missernten und Dürre. Sogar der Regenwald kann dann austrocknen und ist in großer Gefahr, durch Buschfeuer zerstört zu werden. Normalerweise löscht der Monsun kleinere Feuer sofort. Wenn aber zu lange kein Regen fällt, gibt es kaum Hoffnung, Brände zu löschen. In Indonesien schwelten beim letzten El-Niño-Ereignis 2015 monatelang Buschfeuer in den meterdicken Torfmoorböden. 1,8 Millionen Hektar Regenwald sind verbrannt – das ist eine Fläche etwa so groß wie Sachsen. 120.000 Menschen mussten allein wegen Atemwegsbehandlungen ins Krankenhaus. Viele verloren ihren gesamten Besitz und die Naturschäden sind kaum zu beziffern.

Doch nicht nur in Südamerika und Indonesien sorgt El Niño für Chaos. Das Durcheinander von Winden und Strömungen entlang des Äquators stürzt auch Staaten in Afrika immer wieder in eine Krise. Während im Süden des Erdteils Dürreperioden den Menschen zu schaffen machen, werden im Südosten, in Somalia, ganze Dörfer von sintflutartigen Regenfällen weggespült. Epidemien wie Cholera, Malaria, Masern und Krätze sind die Folgen.

Waldbrände wüten in Indonesien.

Die Welthungerhilfe schätzt, dass in El-Niño-Jahren mehr als 20 Millionen Menschen im östlichen und 14 Millionen im südlichen Afrika von Lebensmittelknappheit betroffen sind.

Als würde die Anomalie zu Weihnachten nicht schon genug Schaden anrichten, wurde ein weiteres Wetterphänomen identifiziert, dass es in sich hat: „La Niña" (spanisch: „das Mädchen"). Meist folgt La Niña einem El-Niño-Ereignis wie eine Gegenbewegung. Mit überdurchschnittlich hohen Luftdruckunterschieden zwischen Südamerika und Indonesien sorgt „La Niña" für stärkere Passatwinde und eine Wasserzirkulation, die zwar in die normale Richtung verläuft, aber viel stärker ist als in durchschnittlichen Jahren. Von den heftig wehenden Passatwinden wird das warme Oberflächenwasser des Pazifiks verstärkt nach Südostasien getrieben. Vor der Küste Perus strömt als Folge mehr kaltes Wasser aus der Tiefe nach oben, sodass die Wassertemperatur bis zu

3 °C unter der Durchschnittstemperatur liegt. Die Auswirkungen von La Niña sind bislang nicht so stark wie die von El Niño, aber an manchen Orten trotzdem katastrophal. Im Westpazifik wird das Wasser an der Oberfläche wärmer. Das hat zur Folge, dass durch Starkregen ausgelöste Erdrutsche in Südostasien ganze Landstriche verwüsten und an der australischen Nordostküste große Gebiete überschwemmt werden. 2010 regnete es dort so viel wie noch nie seit dem Beginn der Wetteraufzeichnungen. Die Überflutungen im australischen Bundesstaat Queensland und im nördlichen New South Wales bedeckten eine Fläche, die ungefähr der Größe von Baden-Württemberg entspricht. Dafür herrschte im Südwesten Australiens eine so extreme Dürre wie nie zuvor. In Südamerika regnete es, während La Niña wütete, deutlich weniger und die *Pampas** trockneten mehr als gewöhnlich aus. Vieles spricht dafür, dass La Niña auch den Hurrikanen Nordamerikas mehr Kraft verleiht. Sogar die Zahl der Wirbelstürme im Atlantik steigt in La-Niña-Jahren an.

El Niño und La Niña zeigen deutlich, dass eine regionale Veränderung das Klima in Tausenden Kilometern Entfernung beeinflussen kann. Umso problematischer ist es daher, wenn der Mensch in dieses empfindliche und komplizierte System eingreift. Wenn wir an einzelnen Schrauben herumdrehen, sind die Folgen dramatisch und mitunter noch gar nicht abzusehen.

Schon lange halten zahlreiche Forscherinnen und Forscher Phänomene wie El Niño und La Niña für Vorboten eines tief greifenden Klimawandels, andere sehen in ihnen lediglich Ausrutscher der Natur, die in bestimmten Zyklen quasi natürlich vorkommen. Tatsächlich ist El Niño ein sehr altes Phänomen.

Bereits die Inka kannten und fürchteten seine Tücken. Einige Historiker und Historikerinnen halten es sogar für möglich, dass diese großartige Kultur nur deshalb von den spanischen Truppen erobert werden konnte, weil die Bevölkerung durch die furchtbaren, von El Niño verursachten Hungersnöte bereits zermürbt war.

Das boshafte Christkind ist also vermutlich nicht die Folge menschlichen Handelns. Allerdings hat die Wissenschaft festgestellt, dass sich die Abstände zwischen El Niños Auftauchen verkürzen und die Auswirkungen immer heftiger werden. Musste man im vergangenen Jahrhundert noch alle sieben Jahre mit El Niño rechnen, kann die Anomalie in der Gegenwart in einem Abstand von nur drei bis vier Jahren eintreten. Diese Veränderung ist vermutlich vom Menschen verursacht. Sollte sich die Beschleunigung des Zyklus fortsetzen, würde sich irgendwann das Klimamuster dauerhaft ändern. Weltweit würden dadurch Lebensräume und ihre heutigen Bewohner verschwinden, weil diese an andere klimatische Verhältnisse angepasst sind.

Wenn das Globale Förderband streikt

Eine weitere regionale Veränderung mit weltweiten Auswirkungen ist das Abschmelzen der Pole. Meist wird in diesem Zusammenhang das Problem diskutiert, dass es zu gewaltigen Überflutungskatastrophen kommen kann, wenn der Meeresspiegel durch die schmelzenden Eismassen ansteigt. Diese Bedrohung ist am ehesten kalkulierbar und die Forschung entwickelt schon seit einigen Jahren Vorschläge, wie man die Menschen am besten vor solchen Katastrophen schützen kann.

In den Vereinigten Staaten (USA), Frankreich und Japan setzt man auf Technologie. Wenn in 100 Jahren, so die Annahme, der Meeresspiegel um einen Meter gestiegen ist, dann gehen an den US-Küsten etwa 65.000 Quadratkilometer Land verloren – eine Fläche etwa so groß wie Bayern. Allein in New York und Florida, wo viele reiche Küstenbewohner zu Hause sind, würden milliardenschwere Immobilien verloren gehen. Hier steht Schutz an oberster Stelle. Die Politik will dem anschwellenden Ozean mit gigantischen Dämmen, Schleusen und Flutbarrieren die Stirn bieten. Neubaugebiete sollen künftig von Anfang an höher gelegt werden. Mit diesen Maßnahmen sind allerdings nur wenige Küstenabschnitte zu retten. Die meisten Menschen, die an der Küste leben, werden ihr Zuhause früher oder später aufgeben und ins Landesinnere ziehen müssen. In Japan versucht man, unabhängiger vom Land zu werden und ganze Stadtteile aufs Meer zu ver-

Venedig ist schon jetzt häufig von Hochwasser betroffen.

lagern. Schon heute treibt der internationale Flughafen Kansai vor Osaka auf einer künstlichen Insel im Meer. Der französische Architekt Jacques Rougerie entwarf sogar eine ganze schwimmende Stadt, die „Meriens" heißen soll und die, wenn sie je gebaut wird, 7.000 Bewohnern ein neues Zuhause bieten könnte. In Deutschland sind insbesondere die Küstenregionen und Hamburg als Stadt zwischen Nordsee und Elbe bedroht. Bisher wird hauptsächlich in die Erhöhung der Deiche investiert, langfristig werden diese Bemühungen allerdings nicht ausreichen.

Wahrscheinlich wird die Frage nach möglichen Überflutungen so häufig diskutiert, weil man sich eine Überflutung einigermaßen vorstellen kann. Genauso kann man sich eine technische Lösung des Problems vorstellen. Leider taucht eine andere Folge der Erderwärmung zu selten in der öffentlichen Debatte auf: Durch die Erwärmung der Polarregion könnte das Globale Förderband zum Erliegen kommen. Wenn die Wassermassen am Pol nicht mehr abkühlen können, sinken sie nicht zum Meeresboden und das Förderband bleibt einfach stehen. Auch der Golfstrom würde vermutlich ins Stocken geraten. Die Folgen wären fatal. Da mit dem Förderband auch die angelieferte Wärme ausbliebe, würde eine neue Eiszeit heraufziehen. Europa, Nordamerika und weite Teile Asiens wären erneut mit einer kilometerdicken Eisschicht bedeckt. Menschliches Leben wäre hier nicht mehr möglich.

Erde mit Fieber

Warum schmelzen eigentlich die Polkappen ab? Diese Erscheinung hat mit der Erderwärmung zu tun, die zu einem großen Teil vom Menschen verursacht wird. Sie ist messbar und darum sehr

Schmelzen die Pole ab, verliert der Eisbär seinen Lebensraum.

einfach zu überprüfen. Im weltweiten Durchschnitt hat sich die Temperatur in den letzten 150 Jahren um 1 °C erhöht. 1 °C klingt nicht gerade dramatisch, allerdings trat im 20. und bisherigen Verlauf des 21. Jahrhunderts auf der Nordhalbkugel die stärkste Erwärmung der letzten 1.300 Jahre auf. Schon allein die bisherige Erwärmung kann extreme Auswirkungen haben. Nicht nur das Klima selbst, sondern auch die Lebewesen und Lebensräume auf der Welt sind hochempfindlich und reagieren sehr stark auf solche nur scheinbar kleinen Veränderungen. Es gibt bereits die ersten Opfer.

Die Goldkröte aus Costa Rica ist ausgestorben, weil die Tümpel mit ihrem Laich wegen der wärmeren Temperaturen ausgetrocknet sind. In Europa kann man im Sommer immer weniger Insekten sehen. In den letzten 30 Jahren ist die Anzahl der Krabbeltiere um erschreckende 75 Prozent gesunken. Ursache ist nach neuen Studien neben dem Verlust von Lebensräumen und dem großflächigen Einsatz von Pestiziden auch der Klimawandel. Er scheint viele Insekten unfruchtbar zu machen. Jedes Jahr sterben Zehntausende Arten aus. Die Vielfalt der Tiere und auch der Pflanzen – die Biodiversität – ist in großer Gefahr.

Nicht immer sterben Tiere durch eine Katastrophe wie die Waldbrände im Amazonasbecken oder in Australien aus. Manche
Arten gehen leise und die Gründe dafür sind oft nur schwer zu
erkennen.

Auch die Tage der Meeresschildkröten sind wohl gezählt. Wer hat
nicht schon bei einem Tierfilm den frisch geschlüpften Schildkrötenbabys die Daumen gedrückt, dass sie das rettende Meer erreichen und nicht von Seevögeln oder Krabben gefressen werden?
Nun droht den tapferen Überlebenskämpfern das Aus durch
den Klimawandel. Meeresschildkröten verbuddeln ihre Eier am
Strand. Der Sand brütet die Jungen aus, er hat allerdings noch
eine andere wichtige Funktion. Seine Temperatur legt das Ge-
schlecht eines Schildkrötenbabys fest. Oben entstehen mit viel
Wärme weibliche, unten im kühleren Sand männliche Tiere. Das
war in der Vergangenheit praktisch, weil in wärmeren Jahren
mehr Weibchen mehr Junge bekamen. In kälteren Jahren gab
es mehr Männchen und nur die fittesten konnten sich fortpflanzen. Die Menge passte sich an die klimatischen Bedingungen an.
Allerdings funktioniert das System nur so lange, wie es beide Ge-
schlechter in ausreichender Anzahl gibt. Forschende befürchten,

Jedes Jahr erkämpfen sich kleine Schildkröten ihren Weg zum Meer.

dass durch den Klimawandel nur noch Weibchen schlüpfen werden. Ohne Männchen wird die Meeresschildkröte sich in Zukunft nicht mehr fortpflanzen können.

Klimaschäden wie diese machen sich nur langsam und mit Verzögerung bemerkbar. Die etwa 4,6 Milliarden Jahre alte Erde misst die Zeit anders als der Mensch mit seiner begrenzten Lebenszeit. Doch in den nächsten Jahren ist mit einer spürbaren und für die Erde geradezu rapiden Veränderung des Klimas zu rechnen. Klimamodelle sagen einen Anstieg der Temperatur um 5 bis 6 °C bis zum Jahr 2100 voraus.

Nun ja, 5 bis 6 °C, dann werden die Sommer halt noch ein wenig heißer, könnte man denken. Vielleicht ein bisschen anstrengend, aber nun gut … Falsch gedacht! So wie bestimmte Körperfunktionen des Menschen beeinträchtigt sind, wenn wir Fieber haben, gerät auch das Leben auf der Erde aus dem Gleichgewicht, wenn sie sich mehr und mehr erwärmt. Unsere normale Temperatur, wenn wir gesund und munter sind, liegt ziemlich genau bei 37 °C. Schon bei einer Körpertemperatur von nur 1 °C mehr, nämlich 38 °C, haben wir Fieber und der Körper funktioniert nicht mehr richtig.

Die Temperatur der Erde betrug in den letzten 10.000 Jahren weltweit durchschnittlich 14 °C. Offenbar garantiert genau diese Zahl optimale Lebensbedingungen für den Menschen und die vielen verschiedenen Tierarten und Pflanzen auf unserem Planeten. Die menschengemachte Erwärmung wird das Leben auf dem einzigen bekannten belebten Himmelskörper des Universums grundlegend verändern. Es ist kaum vorstellbar, was passieren würde, wenn wir auf der Erde, wie von der Klimaforschung vorhergesagt, Temperaturen erzeugen, die hier mindestens seit 100.000 Jahren nicht mehr geherrscht haben.

Dass eine solche Veränderung dramatische Folgen haben könnte, beweist ein Blick in die Vergangenheit. Das Globale Förderband und der Golfstrom haben in der Geschichte des Lebens schon mehrere Male ihre Arbeit eingestellt oder ihren Verlauf geändert. Lebensräume verschwanden, andere wurden neu geschaffen. Gravierende Wechsel führten stets zu unvorstellbaren Massensterben. Ablagerungen großer Mengen von Lebewesen in den Gesteinsschichten dokumentieren solche Ereignisse.

Das Klima ist letztlich immer im Wandel, ob mit oder ohne menschliches Zutun. Und die Lebewesen auf der Erde müssen sich mit diesen Veränderungen auseinandersetzen. Sie kommen entweder zurecht oder sie sterben aus.

Anders als alle früheren Bewohner der Erde können wir Menschen jedoch die Zusammenhänge der Natur begreifen. Es ist uns möglich, Veränderungen über Generationen hinweg zu beobachten, zu untersuchen und zu interpretieren. Ja, wir können durch unser Verhalten sogar als Beschleuniger oder Bremser bestimmter Effekte wirken.

Das bedeutet, ganz egal, wie stark wir Menschen an der derzeitigen Erwärmung der Erde beteiligt sind, es ist nun Zeit, diesem gefährlichen Prozess mit allen zur Verfügung stehenden Mitteln entgegenzuwirken.

2030: Ein ganz normaler Montagmorgen

Der Wecker klingelt. Schon wieder Montag! Und gleich in der ersten Stunde ein Test in Klimakunde. Der Wecker klingelt und klingelt. Auf mein Winken reagiert er nicht. Ich rufe „Stopp!". Er klingelt weiter.

Ach verdammt! Das ist der neue Wecker, den Mama im Supermarkt ergattert hat. So ein altmodisches Ding zum Aufziehen. Wie in der Steinzeit – nix mehr Funkuhr oder Radiowecker mit Spracherkennung und Bewegungsmelder.

Ich muss mich beeilen. Ab heute geht's mit dem Fahrrad zur Schule. Das heißt mal locker 60 Minuten strampeln. Alles wegen diesem neuen Klimaprogramm. Klar musste der Klimaschutz ins Grundgesetz. Schließlich ist darin der Schutz unserer Lebensgrundlagen verankert. Immer mal wieder wurden neue Regeln zum Klimaschutz eingeführt, aber gereicht hat es nicht. Eigentlich sollte der CO_2-Ausstoß in Deutschland schon bis 2020 um 40 Prozent verringert werden. Aber auch 10 Jahre später sind nicht mal 20 Prozent geschafft. Jetzt ist die neue Deadline 2050, und damit das klappt, hat die Regierung die „Agenda Klimarettung" ins Leben gerufen und die tritt heute in Kraft. Und es wird heftig. Für jeden Einzelnen ist der erlaubte Energieverbrauch haargenau festgelegt worden und muss in einen Energiepass eingetragen werden. Ist ganz schön wenig, was wir täglich zur Verfügung haben.

„Gibt es kein Toastbrot?", frage ich beim Frühstück.

„Nein, das kostet zu viel Energie", sagt Mama. Zum Glück ist Sommer, sonst würden wir wohl bei Kerzenschein frühstü-

Salat und anderes Obst und Gemüse wächst beim Vertical Farming übereinander statt nebeneinander.

cken. So kann ich vielleicht noch ein bisschen Zeit zum Zocken für mich rausholen. Aber mehr als eine halbe Stunde ist sicher nicht drin. Mist!

Was ich mal werden will? Schwierige Frage. Auch bei der Berufswahl steht Klimaschutz ganz weit oben. Papa hat als Windradtechniker einen krisensicheren Job und ist häufig auf Montage. Mama hat ihren Traumberuf als Pilotin an den Nagel hängen müssen. Fliegen dürfen nur noch ganz hohe Tiere vom Militär oder von der Regierung und so. Sie macht jetzt eine Umschulung zur Urban-Farmerin. Vertikaler landwirtschaftlicher Anbau in einem Hochhaus mitten in der Stadt klingt ziemlich abgefahren – aber ob das wirklich ihr Ding ist? Eine große Wahl hat sie sowieso nicht.

An allem sind die Alten schuld. Opa erzählt immer, man hätte nichts gewusst. Kann ich gar nicht glauben. Die sind früher mit dem Auto spazieren gefahren und haben noch richtiges Benzin getankt. Unfassbar! Fernsehen, Zocken, Surfen im Internet – und das alles, so viel man wollte. Die sind sogar mit dem Flugzeug in den Urlaub geflogen, einfach nur so. Und ich darf heute noch nicht mal eine elektrische Zahnbürste besitzen. Na, vielen Dank!

Hitzefrei wurde abgeschafft, denn bei den Temperaturen hätten wir den Sommer komplett frei. Und statt Sommerferien muss jeder von uns mindestens vier Wochen in ein Klimacamp. Da heißt es dann „Back to the roots": komplett stromfreie Zone! Wir lernen, wie man Feuer mit Feuersteinen macht, basteln Windräder und arbeiten an der Aufforstung des Waldes mit. Beim Gemüseanbau müssen wir auch helfen – damit wir ein Gefühl kriegen für regionale Sorten wie Paprika, Tomaten und so. Wenigstens aufs Ernten kann ich mich freuen – Feigen und Oliven schmecken nämlich echt gut.

Auch während des Schuljahrs wurde jetzt „Fridays for Future" eingeführt. So hieß ursprünglich ein Streik von Schülern und Schülerinnen gegen den Klimawandel. Wenn die Politik schnell genug auf sie gehört hätte, wäre sicher alles anders gekommen. Stattdessen hat sie die Kinder und Jugendlichen erst nicht ernst genommen und dann auch noch das Engagement für ihre Zwecke benutzt. Freitags gibt es jetzt keinen regulären Unterricht mehr. Der wurde auf Montag bis Donnerstag verteilt – da haben wir jetzt lange Tage. Und jeden Freitag müssen wir dann schuften. Mal putzen wir die Solarpaneele der *Fotovoltaikanlage**, mal sortieren wir das Plastik aus dem

Müll. Am meisten hasse ich es, wenn wir die Obstbäume mit der Hand bestäuben müssen, weil es fast keine Bienen mehr gibt. Wenigstens über mangelnde Bewegung kann sich bei uns niemand mehr beklagen. Kinder und Jugendliche mit Übergewicht gibt es kaum noch. Da fällt dann auch der Schulweg nicht so schwer. Ich hab mich dran gewöhnt, aber die Kleinen tun mir schon leid. Zum Spielen bleibt kaum Zeit, weil man sich immer irgendwie nützlich machen muss: Einfach nur mal Chillen ist tabu. Klar ist Klimaschutz überlebenswichtig. Trotzdem bin ich einfach stinksauer, dass wir ausbaden müssen, was die Generationen vor uns verbockt haben. Noch bis in die 2020er-Jahre waren das so was von ignorante Egoisten …

Oh, schon so spät, ich muss los. Und den neuen Energiepass darf ich auch nicht vergessen. Am besten trage ich gleich schon mal das Frühstück ein. Oha, mein heißer Tee kommt teuer! Morgen trinke ich Wasser. Ich sehe schon, das wird richtig ätzend.

Ein Fantasieszenario? Vielleicht, vielleicht aber auch nicht. Die Menschen müssen sich in den kommenden Jahren und Jahrzehnten auf Veränderungen im Alltag einstellen. Der Grund dafür ist der Klimawandel – wenn er verlangsamt oder gar gestoppt werden soll, müssen vor allem die Industrienationen künftig auf viele Dinge verzichten, die heute selbstverständlich sind. Wie weit das tatsächlich gehen wird oder ob die Klimaveränderungen überhaupt noch einzudämmen sind, sodass die Erde dauerhaft für den Menschen bewohnbar bleibt, kann noch niemand sagen.

Wie konnte es so weit kommen?

Menschen wie wir leben schon seit etwa 300.000 Jahren auf der Erde. Wieso werden sie jetzt auf einmal ein Problem für das Klima? Zum einen gab es noch nie so viele Menschen. Zu Beginn streiften nur einige Hundert Homo Sapiens durch die afrikanischen Ebenen. Heute besiedeln fast 8 Milliarden Menschen unseren gesamten Planeten. Zum anderen hat die Menschheit besonders in den letzten 200 Jahren einen gewaltigen Entwicklungssprung gemacht, sodass sie viel stärker auf ihre Umwelt einwirkt als jemals zuvor.

Am Anfang war alles ganz einfach: Jäger und Sammler, das war der Job der ersten Menschen. Ihr Leben und Überleben waren von der Natur abhängig und sie passten sich an ihre Lebensräume an. So blieb das Zehntausende von Jahren lang. Die frühen Menschen waren unter den damaligen klimatischen Bedingungen – Trockenheit, Hitzewellen und extreme Kälte – so sehr mit dem Überleben beschäftigt, dass es sehr lange dauerte, bis es ihnen gelang, sich etwas bequemer auf der Erde einzurichten.

Vor etwa 10.000 Jahren stabilisierte sich das Klima, und zwar bei wärmeren Temperaturen. Damit wurde der nächste Schritt in der Entwicklung der Menschen möglich. Im 11. bis 6. Jahrtausend vor Christus wurden die Menschen sesshaft und fingen an, Ackerbau und Viehzucht zu betreiben. Sie begannen, die Natur zu ihrem eigenen Vorteil zu nutzen und zu beeinflussen. Die Landwirtschaft ermöglichte es, viel mehr Menschen zu ernähren, und so wurde Arbeitsteilung möglich. Handwerker und Handwerkerinnen konnten sich ganz auf die Herstellung von Dingen konzentrieren, Beamte organisierten die Verteilung von Waren und Agrarprodukten. Man baute Städte, erfand die erste Schrift und prägte die ersten Münzen.

Diese Entwicklungen geschahen nicht überall gleichzeitig. In den fruchtbareren Regionen wie dem Nahen Osten gelang es den Menschen früher und erfolgreicher, ihr Leben zu verändern und die Umwelt ihren Bedürfnissen anzupassen, als im kälteren Europa. Andere frühe Kulturen entwickelten sich in China und Indien. Gegen Ende des 18. Jahrhunderts, Anfang des 19. Jahrhunderts gab es eine weitere entscheidende Wende in der Entwicklungsgeschichte des Menschen: die Industrialisierung. Wegen ihrer massiven Auswirkungen spricht man auch von der industriellen Revolution.

Vor der Industrialisierung waren die Menschen beim Herstellen aller Gegenstände, die sie zum Leben brauchten, wie Kleidung oder Werkzeuge, auf die Arbeit ihrer Hände, also auf ihre eigene Kraft angewiesen. Handwerkliche Produkte waren Einzelstücke und erforderten viel Zeit und Können bei der Herstellung.

Mit Beginn der Industrialisierung im 19. Jahrhundert wurden in Fabriken mithilfe neuer Technologien und Maschinen Massenprodukte hergestellt. Man konnte mehr Menschen mit Waren versorgen, aber die

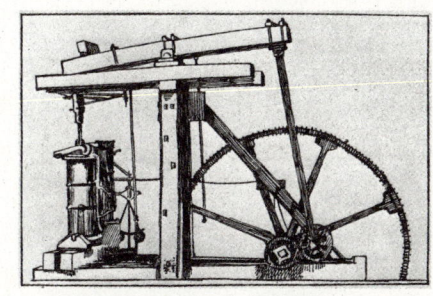

Die Erfindung der Dampfmaschine war der Startschuss für die industrielle Revolution.

Maschinen benötigten Brennstoff, nämlich Kohle. Die Entdeckung der vielfältigen Verwendungsmöglichkeiten der Kohle kann man als Ausgangspunkt der industriellen Revolution bezeichnen. In England, dem Ursprungsland der industriellen Revolution, begann man schon im 16. Jahrhundert, anstelle von Holz, das auf der Insel immer weniger und damit teurer wurde, mit Kohle zu kochen und zu heizen. Die Kohle ermöglichte eine Reihe wichtiger Erfindungen. Die Dampfmaschine, die Wasserdampf in Energie umwandelt, wurde schnell zum Motor der Industrialisierung. Dampfmaschinen trieben Pumpen, Walzen, Hämmer und Gebläse an. Damit konnte man alle Arten von Maschinen bauen.

Vor dem technischen Zeitalter zogen Pferde Kutschen und transportierten Personen und Waren. Die Schifffahrt war vom Wind oder der Ruderkraft abhängig. Zur Verteilung der Waren in der Industriegesellschaft brauchte man Transportmittel, die größere Mengen transportieren konnten. Es wurden Dampfwagen gebaut, die von Dampfmaschinen mithilfe von Wasserdampf angetrieben wurden. 1804 fuhr die erste Dampflokomotive auf Schienen.

Der motorisierte Verkehr, auf Schienen, Straßen und Wasserwegen, breitete sich aus und nimmt bis heute immer weiter zu –

inzwischen sogar in der Luft. Das erste Elektrizitätskraftwerk der Welt wurde 1882 in Manhattan, USA, eröffnet. Natürlich stammte die Energie für die Stromerzeugung aus der Kohleverbrennung. Im 20. Jahrhundert verlor die Kohle an Bedeutung. An ihre Stelle trat das Erdöl. Es war zwar schon lange bekannt, aber erst Mitte des 19. Jahrhunderts begann man wegen der gestiegenen Nachfrage nach günstigem Lampenbrennstoff, große Erdöllagerstätten zu suchen und das Öl systematisch zu fördern. Statt mit Kohle heizte man nun verstärkt mit Heizöl. Es wurden Motoren entwickelt, die Benzin als Treibstoff nutzen, und ab 1886 baute man die ersten Kraftfahrzeuge mit einem Benzinmotor. Bis heute fahren die meisten Kraftfahrzeuge mit Benzin.

Kohle und Erdöl gehören zu den *fossilen Brennstoffen**, die aus großer Tiefe gefördert werden müssen. Sie wurden schon vor Jahr-

Karl Benz (rechts) auf seinem Benz Patent-Motorwagen „Modell 3".

millionen gebildet und bestehen aus den Überresten von Pflanzen und Tieren, die sich – eng zusammengepresst – unter dem Druck der darüberliegenden Erd- und Gesteinsschichten in diese Brennstoffe verwandelt haben. Wir verbrauchen für die Energiegewinnung also Stoffe, deren Entstehung Millionen von Jahren gedauert hat. Das bedeutet, es ist nicht möglich, kurzfristig neue fossile Brennstoffe herzustellen, wenn die Vorräte einmal aufgebraucht sind. Öl ist seltener als Kohle und auch schwerer zu finden. Höchstwahrscheinlich werden die Ölvorräte der Erde schon in wenigen Jahrzehnten verbraucht sein. Deshalb wurde ab dem 20. Jahrhundert ein weiterer fossiler Brennstoff immer wichtiger: das Erdgas.

Erdgas entsteht ähnlich wie Erdöl aus abgestorbenen und abgesunkenen Kleinstlebewesen aus dem Meer. Lange Zeit wurde das wertvolle Gas bei der Ölförderung einfach abgefackelt. Heute deckt Erdgas etwa 24 Prozent des weltweiten Energieverbrauchs. Der Vorteil von Erdgas im Vergleich zu anderen fossilen Brennstoffen ergibt sich aus der relativ sauberen Verbrennung. Dies liegt vor allem daran, dass der Kraftstoff im Verbrennungsraum bereits gasförmig vorliegt. Außerdem haben die Molekülketten von Erdgas nur halb so viele Kohlenstoffatome im Verhältnis zu den Wasserstoffatomen wie die von Benzin oder Diesel. Bei der Verbrennung entstehen daher viel weniger CO_2 und Ruß. Allen fossilen Brennstoffen ist gemeinsam, dass sie nicht unbegrenzt vorhanden sind. Ähnlich wie beim Kohleabbau und der Ölförderung muss man auch nach Gas an immer exotischeren Orten, wie am Polarkreis, suchen oder immer tiefer in die Erdschichten vordringen. Eine sehr umweltschädigende Methode, dies zu tun, ist das sogenannte „Fracking".

Fracking ist eine Kurzbezeichnung für den englischen Begriff „Hydraulic Fracturing" (hydraulisches Aufbrechen). Was schon vom Namen her ziemlich gewalttätig klingt, ist es auch. Aufgebrochen werden Gesteinsschichten. Denn Erdgas sammelt sich häufig nicht in großen Lagerstätten oder über Ölablagerungen, sondern sitzt in kleinen Bläschen im Gestein, in Tiefen von 5.000 Metern oder tiefer. Um an den wertvollen Rohstoff zu gelangen, werden große Mengen Wasser, ein Cocktail aus über 200 verschiedenen Chemikalien und Sand unter hohem Druck in den Boden gepumpt. Teilweise wird sogar gesprengt. Wasser, Chemikalien und Sprengungen haben nur den einen Zweck: große und kleine Risse in die gashaltige Gesteinsschicht zu brechen, damit dann das enthaltene Erdgas ausströmen und aufgefangen werden kann. Der Sand dient dazu, die Durchlässigkeit der Schicht zu erhalten. Umweltschützer kritisieren neben dem gigantischen Wasserverbrauch des Frackings vor allem die Vergiftung des Bodens. In einem Bericht für den US-Kongress wurden die Namen von rund 750 zugelassenen Chemikalien genannt, darunter zahlreiche giftige oder solche, die als krebserregend gelten. In Deutschland sind die Stoffe für das hier durchgeführte Fracking nicht allgemein bekannt. Da keine Veröffentlichungspflicht besteht, sind sogar die Gutachter des Umweltbundesamtes bei der Beurteilung des Verfahrens auf die freiwilligen Auskünfte der Hersteller angewiesen.

Treibhausgase

Bei der Verbrennung fossiler Brennstoffe entsteht unter anderem CO_2. Dieses Gas gilt als besonders gefährlicher Klimakiller. Dabei wirkt sich CO_2 nicht grundsätzlich schädlich aus. Es entsteht bei jedem Atemzug. Menschen und Tiere atmen Sauerstoff ein und CO_2 aus. Die Pflanzen wiederum brauchen CO_2, um durch *Fotosynthese** Zucker herzustellen, von dem sie leben.

CO_2 kommt in unserer Atmosphäre also ganz natürlich vor. Als Treibhausgas hat es eine große Bedeutung für unser Klima: Wenn die Treibhausgase in der Atmosphäre nicht einen Teil der Sonnenstrahlung erneut zur Erde zurückwerfen würden, würde der Planet zu stark auskühlen und wäre zu kalt für Lebewesen. Der Treibhauseffekt ist also die Voraussetzung für alles Leben.

Problematisch ist jedoch ein Zuviel an CO_2. Je mehr von diesem Gas in der Atmosphäre vorhanden ist, desto wärmer wird es auf der Erde. Zurzeit liegt der CO_2-Anteil in der Atmosphäre bei ca. 0,03 Prozent. Schon bei einem Anstieg auf 1 Prozent würde die Oberflächentemperatur der Erde den Siedepunkt erreichen.

Die industrialisierte Welt produziert mehr CO_2, als wir auf der Erde gebrauchen können. Jedes Mal, wenn wir Auto fahren, das Licht einschalten, fernsehen oder Computer spielen, erzeugen wir CO_2 und sein Anteil in der Atmosphäre steigt an. Als wäre das nicht schlimm genug, ist das CO_2 auch noch ein äußerst langlebiges Gas. Es bleibt ca. 100 Jahre in der Atmosphäre. Das bedeutet, selbst das CO_2, das während der industriellen Revolution durch das Verbrennen fossiler Brennstoffe freigesetzt wurde, ist zum Teil noch immer vorhanden. Was wir heute an CO_2 produzieren, wird also die Atmosphäre künftiger Generationen beeinflussen.

Und das ist nicht wenig. Der weltweite Ausstoß von CO_2 nimmt seit 1960 kontinuierlich zu und erreichte im Jahr 2018 seinen bisherigen Höchstwert von rund 36,6 Milliarden Tonnen. Bei ungebremstem Ausstoß könnten es laut Prognosen bis 2045 über 40 Millionen Tonnen weltweit sein. Es gibt zwar immer wieder Jahre, in denen ein Rückgang des CO_2-Ausstoßes zu verzeichnen ist, wie zum Beispiel 2020, als die Pandemie Covid-19 die Weltwirtschaft lahmlegte. Aber das vom Menschen erzeugte CO_2 bleibt eindeutig Hauptverursacher der globalen Erwärmung – man schätzt den Anteil auf etwa 80 Prozent.

Es gibt noch andere Treibhausgase. Auch sie können in zu hoher Konzentration unsere Atmosphäre belasten und das Klima verändern. Eines der wichtigsten Treibhausgase neben dem CO_2 ist Methan (CH_4).

Es speichert sogar 60-Mal mehr Wärmeenergie als CO_2, hält sich aber glücklicherweise nicht so viele Jahre in der Atmosphäre. Etwa 20 Prozent der Erwärmung gehen weltweit auf Methan zurück. Das Gas wird unter anderem von Mikroorganismen erzeugt,

In Reisfeldern entsteht viel Methan.

die in stehenden Gewässern vorkommen. So entsteht beim Reisanbau in dem sauerstoffarmen Wasser der überfluteten Reisfelder Asiens Methan in großen Mengen. Neben der Landwirtschaft ist auch die Viehzucht eine gewaltige Methanquelle.

An sich sind Rinder harmlose, ungefährliche Tiere, stehen friedlich auf der Weide und fressen den lieben langen Tag. Außerdem sorgen sie für die Milch im Müsli, leckeren Käse und ein gelegentliches Rumpsteak. Aber in der Masse sind Rinder echte Klimakiller. Ungefähr alle 40 Sekunden furzt oder rülpst jedes wiederkäuende Rind. Dabei wird in der Hauptsache Methangas abgegeben. In Deutschland werden etwa 11,9 Millionen Rinder gehalten, rund eine Milliarde sind es auf der ganzen Erde. Im Jahresdurchschnitt bedeutet das allein in Deutschland einen Ausstoß von etwa 500.000 Tonnen Methan. Weltweit sind es sogar um die 80 Millionen Tonnen. Und nicht nur Rinder, auch alle anderen Wiederkäuer, wie Ziegen und Schafe, erzeugen Methan. Verschlimmert wird das Problem offenbar durch die einseitige Ernährung in der Massentierhaltung.

Eine spezielle Kräuterdiät für Rinder soll jetzt Abhilfe schaffen. Alles begann mit einem „Abgastest für Kühe" an der Kieler Christian-Albrechts-Universität. Auf dem Versuchsgut Lindhof testeten 2019 elf Jersey-Rinder eine Spezialweide, auf der sieben klimafreundliche Kräuter ausgesät worden waren: gelber Hornschotenklee, Spitzwegerich, Rotklee, Wiesenkümmel, Wiesenknopf, Weißklee und Zichorie. Parallel zu den Kräuterkühen, fraßen elf Tiere einer Kontrollgruppe auf einer normalen Weide für die Forschung.

Kräuter fressen für das Klima

Rund 280 Gramm Methan setzt eine Kuh in normaler Weidehaltung täglich frei, 98 Prozent davon beim Rülpsen. Deshalb hatten die Wissenschaftlerinnen und Wissenschaftler ihren Testkühen die Abgassensoren auf dem Nasenrücken angebracht. An einem Gürtel um den Bauch trugen die Tiere Unterdruckflaschen, in die alles ausströmende Gas eingesaugt wurde. Vier Tage lang kauten die Kühe entspannt ihre jeweilige Gründiät, ohne sich von den wissenschaftlichen Apparaturen stören zu lassen. Die ersten Testergebnisse machten Hoffnung. Die Kräuterkühe hatten 20 Prozent weniger Methan pro Liter Milch ausgestoßen. Die Erklärung dieses Phänomens ist einfach: Die Kräuter verlangsamen die Verdauung der Wiederkäuer. Im Pansen der Tiere wird die Methan-Produktion abgebremst und so der Ausstoß deutlich minimiert.

In Deutschland erzeugt die Landwirtschaft 7,3 Prozent der gesamten *Treibhausgasemissionen**. Durch das richtige Kräuterbuffet könnten Kuhabgase in Zukunft deutlich reduziert werden.

Die richtige Diät senkt nicht nur den Methanausstoß, sondern schmeckt auch.

Ein weiteres wärmespeicherndes Treibhausgas ist Distickstoff-oxid (Lachgas, N_2O). Es entsteht zum Beispiel durch die Verwendung stickstoffhaltiger Düngemittel in der Landwirtschaft. Hinzu kommen chemisch hergestellte Treibhausgase. Sie sind neben ihrer negativen Wirkung auf die Wärmeregelung außerdem mitverantwortlich für das Ozonloch. Fluorchlorkohlenwasserstoff, kurz FCKW, wurde in den 70er-Jahren des letzten Jahrhunderts für die Kühlsysteme von Gefriertruhen und Kühlschränken oder als Treibmittel für Spraydosen verwendet. Mittlerweile ist FCKW verboten.

Etwa 30 bis 40 Kilometer über der Erdoberfläche befindet sich die Ozonschicht. Ozongas filtert die kurzwelligen UV-Strahlen aus dem Sonnenlicht. Das ist enorm wichtig, denn diese Strahlen sind gefährlich, weil sie Hautkrebs bei Menschen und Tieren erzeugen können, gesundheitliche Schäden an den Augen verursachen und das Immunsystem schwächen.

Chlorhaltige Chemikalien, wie FCKW, verwandeln Ozon in normalen Sauerstoff. Die gefährliche Strahlung erreicht ohne die schützende Ozonschicht ungehindert die Erdoberfläche. So entstand das „Ozonloch". Das ist allerdings nicht wirklich ein Loch, sondern eine starke Ausdünnung der Ozonschicht über dem Nord- und stärker noch über dem Südpol. Das Ozonloch trägt außerdem zum Abschmelzen der Pole bei.

Was ist das Ozonloch?

Das Ozonloch wurde 1985 entdeckt. 1987 beschloss die Mehrzahl der Regierungen weltweit im Protokoll von Montreal die Abschaffung der schädlichen Chemikalien. Diese Maßnahme hatte Erfolg. Messungen zeigen, dass sich das Ozonloch deutlich zurückgebildet hat. Über der nördlichen Halbkugel könnte sich die Ozonschicht schon in weniger als 20 Jahren komplett regeneriert haben. Moderne Forschung legt nahe, dass sogar das deutlich größere Ozonloch über der Südhalbkugel in der zweiten Hälfte des Jahrhunderts verschwunden sein könnte.

Dass die Ausbreitung des Ozonlochs gestoppt werden konnte, gibt vielen Wissenschaftlern und Wissenschaftlerinnen Hoffnung, dass die Menschheit auch den Klimawandel aufhalten oder zumindest abmildern kann. Allerdings gehört dazu entschlossenes und vor allem schnelles Handeln. Die größte Gefahr droht aus Sicht vieler Forschender nicht allein dadurch, dass die vom Menschen in die Atmosphäre gepusteten Treibhausgase das Klima erwärmen, sondern dass dieser Prozess ab einem bestimmten Punkt nicht mehr umkehrbar ist.

Kipppunkte

Das Klima ist ein äußerst kompliziertes System und in der Wissenschaft besteht längst Einigkeit darüber, dass die Maßnahmen zum Schutz des Klimas nicht weiter in die Zukunft verschoben werden dürfen. Es genügt nämlich nicht, dass wir Menschen Treibhausgase irgendwann reduzieren. Es muss auch sofort geschehen. Und zwar nicht nur, weil sich einige der klimarelevanten Gase lange in der Atmosphäre halten, sondern auch, weil das Klimasystem nicht einfach nach dem Prinzip Ursache und Wirkung funktioniert. Effekte, die man „positive Rückkopplungen" nennt, verschärfen die Situation zusätzlich. Hinter einer positiven Rückkopplung verbirgt sich meist nichts Positives. Der Begriff bedeutet, dass sich das, was gerade passiert, auch noch verstärkt. So verändert sich in einigen Regionen der Welt das Klima nicht proportional zum Anstieg der Temperatur oder dem messbaren Anstieg der Treibhausgase. Stattdessen kommt es zu plötzlichen, katastrophalen Veränderungen. Forschende gehen davon aus, dass diese Veränderungen nicht mehr umkehrbar sind, selbst wenn man danach alles Menschenmögliche versuchen würde. Die Situation, die zum endgültigen Umkippen eines natürlichen Systems führt, nennt man „Kipppunkt". Leider lassen sich diese Kipppunkte nur schwer vorhersagen. Deshalb gibt es noch immer so viele Menschen, die den Klimawandel oder sein Tempo leugnen.

Mithilfe komplexer Klimamodelle konnten einige Regionen ausgemacht werden, in denen solche Kipppunkte wahrscheinlich im Laufe des 21. Jahrhunderts überschritten werden oder sogar schon überschritten sind. Und damit nicht genug: Das Überschreiten eines einzelnen Kipppunktes kann wiederum zum Umkippen eines anderen Systems führen, wie aufgestellte Dominosteine, die der Reihe nach umfallen, wenn man einen umstößt.

Einer dieser kritischen Kipppunkte sind die Methanlager in den Meeren und Permafrostgebieten. Auf dem Meeresboden und in den nördlichen Gebieten, vor allem in Kanada und Russland, sind gigantische Mengen Methan eingefroren. Man weiß zwar nicht genau, wie viel dort lagert, aber die Wissenschaft vermutet, dass man die Menge des heute schon in der Atmosphäre befindlichen Methans mindestens mit 200 oder 300 multiplizieren muss. Dieses Methan gilt als *klimaneutral**, solange es in den Permafrostböden oder als Methanhydrate am Meeresboden eingelagert ist. Wenn nun die Temperaturen steigen, tauen die Böden an Land und unter Wasser auf und setzen das Treibhausgas frei. Es wird unweigerlich den Treibhauseffekt verstärken – ganz ohne unser weiteres Zutun. Und je mehr Methan freigesetzt wird, desto mehr Permafrostgebiete und Methanhydrate tauen auf. Eine unaufhaltsame positive Rückkopplung hat begonnen.

Ein weiterer dieser Effekte ist so gut untersucht, dass er einen eigenen Namen trägt: die „Eis-Albedo-Rückkopplung". Hierbei handelt es sich um das Schmelzen des Meereises. Meereis reflektiert das Sonnenlicht, Meerwasser nimmt Licht und damit Wärme auf. Wenn also zunächst nur ein bisschen Eis schmilzt, wird mehr Wasserfläche freigelegt. Die Sonne erwärmt das Wasser stärker als die Eisschicht, die zuvor die Strahlung größtenteils zurückgeworfen hat. Das warme Wasser verstärkt die Eisschmelze und noch mehr Eisflächen werden durch Wasserflächen ersetzt. In den vergangenen 30 Jahren ist das Meereis so dramatisch zurückgegangen, wie selbst Experten es nie für möglich gehalten hätten. Zwar nimmt die Meereismenge in jedem Winter wieder ein bisschen zu, aber diese typischen jahreszeitlichen Schwankungen verhindern nicht, dass das Meereis insgesamt abnimmt. Nur durch mehrere kalte Jahre oder sogar Jahrzehnte könnte es sich wieder erholen. Die Wahrscheinlichkeit, dass es dazu kommt, ist so gering, dass die Wissenschaft davon ausgeht, dass der Kipppunkt für die Meereisdecke bereits erreicht sein könnte.

Mit der FS Polarstern unterwegs im ewigen Eis

von Dr. Stefanie Arndt (Meereisphysikerin) und Dr. Renate Treffeisen (Wissenstransfer/meereisportal.de)

Seit 1982 fährt der deutsche Forschungseisbrecher *FS Polarstern* in den arktischen und antarktischen Ozean. Mit an Bord sind circa 50 Wissenschaftlerinnen und Wissenschaftler, die für ihre Forschung an die entlegensten Orte unserer Erde reisen: in die Polargebiete. Vor Ort untersuchen sie, welche Prozesse in der Erdatmosphäre ablaufen, welche im Ozean, im Meereis und im polaren Ökosystem – und wie das alles zusammenhängt und sich gegenseitig beeinflusst. Mit diesem Wissen können wir den heutigen Klimawandel besser verstehen. Vor allem können wir genauer vorhersagen, wie sich das Klima in den nächsten Jahren und Jahrzehnten verändern wird und mit welchen Auswirkungen wir zu rechnen haben.

Im Jahr 2018 war die Meereisphysikerin Stefanie Arndt mit der *FS Polarstern* in der Antarktis auf Expedition. Sie nimmt uns mit zu einem besonderen Tag auf dem Eis.

11. Februar 2018. 74° 59.9′ S / 59° 37′ W

07:00 Uhr. Zeit aufzustehen. Ich versuche, leise zu sein, damit meine Kabinenpartnerin im oberen Bett nicht auch wach wird.

07:25 Uhr. Ich prüfe zuallererst die aktuelle Position unseres schwimmenden Zuhauses, des deutschen Forschungseisbrechers *FS Polarstern*. In der eisfreien Rinne – dem Lead –, die sich an Küsten durch Wind und die Ozeanströmung zwischendurch immer mal wieder bildet, sind wir seit gestern gut vorangekommen auf unserem Weg in Richtung Westen entlang des Ronne-Eisschelfes. Jetzt aber schließt sich die Rinne langsam. Das stört uns nicht weiter, denn wir sind schon fast auf Sichtweite der Antarktischen Halbinsel. Der Blick aus dem Fenster ist vielversprechend: blauer Himmel. Die Temperaturanzeige lässt mich kurz frösteln: -17 °C. So muss es sein – hervorragende Bedingungen für unseren ersten Ausflug auf dem gefrorenen Ozean.

08:00 Uhr. Bevor es losgehen kann, haben wir ein Flug-Wetter-Treffen mit dem Meteorologen, dem Fahrtleiter, dem Kapitän und den Helikopterpiloten. Wir, das ist die Abteilung Meereisphysik. Für unsere Arbeiten auf dem Meereis benutzen wir

Die FS Polarstern bahnt sich ihren Weg durch Eismeer.

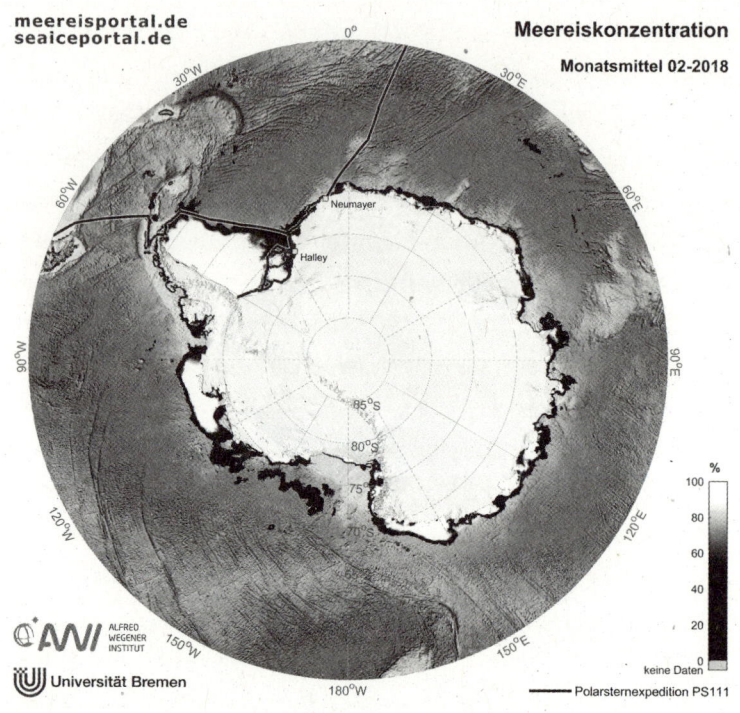

Meereiskonzentration in der Antarktis im Februar 2018. Die Fahrroute der Expedition, an der Frau Dr. Arndt teilgenommen hat, ist als schwarze Linie eingezeichnet.

auf dieser Reise immer einen der beiden Helikopter an Bord. Das spart Zeit und gibt uns mehr Freiheit bei der Auswahl der Eisschollen, von denen wir Proben nehmen wollen. Damit der Helikopter starten kann, brauchen wir aber einige Stunden stabile Wetterbedingungen. So lange wollen wir nämlich auf unserer Scholle arbeiten. Und genau diese Bedingungen verspricht uns der Meteorologe für heute. Perfekt!

Wir haben viele Fragen, die wir auf dieser Expedition beantworten wollen. Erst einmal beschreiben wir den Ist-Zustand: Wie dick ist das Meereis heute? Wie viel Schnee liegt jetzt auf dem Eis? … Zusätzlich wollen wir aber mindestens genauso viel darüber erfahren, wie es dem Meereis im vergangenen Jahr ergangen ist, und eine Basis schaffen, um auch über den heutigen Tag hinaus zu verfolgen, wie sich das Meereis und seine Schneeauflage verändert. Auf dieser Expedition sind wir nur zu fünft. Deshalb nehmen wir heute lieber noch helfende Hände mit.

Aber erst einmal heißt es: packen. Und zwar eine ganze Menge! Wir brauchen einen Eiskernbohrer, ein Schnee- und Eisdickenmessgerät, Schaufeln, Bohrmaschinen, kleine Schlitten und eine große Messstation, die wir auf dem Eis zurücklassen werden, um für uns später selbstständig weiterzuarbeiten. Und dazu noch ganz viele alltägliche Dinge, wie Werkzeug, Ersatzhandschuhe, Notizbücher, einen Fotoapparat, einen Schokoriegel, vielleicht auch zwei, ein bisschen Tee – und Sonnencreme! Die ist ganz besonders wichtig: Im polaren Südsommer scheint die Sonne unerbittlich – und dazu reflektiert die weiße Schneeauflage die einfallende Strahlung. Ohne Sonnencreme kriegt man schnell einen gefährlichen Sonnenbrand. Da wir all unsere Geräte vorher einmal probegepackt haben, haben wir das Puzzlespiel im Laderaum des Helikopters locker im Griff. Nachdem wir alles verstaut haben, heißt es dann endlich:

10:00 Uhr. Abflug! Ich darf vorne sitzen, weil ich die Scholle aussuche. Wow! Was für ein Ausblick. Es ist zwar nicht mein erster Helikopterflug und auch nicht das erste Mal, dass ich die Antarktis aus der Vogelperspektive sehe, aber es ist immer wieder atemberaubend. Der blaue Himmel sorgt heute für einen schönen Kontrast zu den weißen Eisschollen und der tiefblauen Fahrtrinne der *FS Polarstern*. Kurz genieße ich den Ausblick, dann muss ich mich auf meine Aufgabe konzentrieren: Welche Scholle ist für unsere Arbeit geeignet? Damit die Scholle noch den restlichen Sommer überdauert und unser Messgerät möglichst lange tragen kann, muss sie zwei Bedingungen erfüllen. Sie sollte groß, also circa 1 bis 2 Kilometer im Durchmesser, sein: Und sie sollte strahlend weiß sein. Denn der Schnee auf antarktischem Meereis so tief im Süden schmilzt nicht von oben. Schaut man genauer, erscheint der Schnee an manchen Stellen gräulich. Das ist ein Zeichen, dass das Eis darunter

Eisbohrkerne liefern uns wertvolle Informationen über das Klima.

nicht mehr so dick ist und entweder tatsächlich schon der Ozean von unten durchschimmert oder der Schnee nass ist. Dann hat die Scholle angefangen zu schmelzen.

Auf der rechten Seite entdecke ich eine Scholle genau nach meinem Geschmack: groß und weiß. Und schon geht es in den Landeanflug. Zum ersten Mal auf dieser Expedition werde ich meinen Fuß auf den gefrorenen Ozean setzen. Aber zunächst steigt der Helikopter-Techniker aus, um zu kontrollieren, dass der Helikopter auch stabil steht. Erst dann entladen wir all unsere Ausrüstung auf das Eis. Am Ende wird noch das Satellitentelefon übergeben, damit wir mit dem Schiff in Kontakt bleiben können. Schließlich wollen wir irgendwann auch wieder abgeholt werden. Noch einmal wird es richtig laut, als der Helikopter losfliegt. Dann Stille. Auf dem Schiff läuft immer die Klimaanlage im Hintergrund, es wird gebohrt, gefräst, Motoren laufen. Hier draußen auf unserer perfekten antarktischen Eisscholle ist außer einem leisen Windzug nichts zu hören. Wir stehen irgendwo im polaren Südozean, unter uns mehrere Tausend Meter Wasser, von dem uns nur knapp 2 Meter Eis trennen.

11:00 Uhr. Das Team macht in einem Radius von circa 200 Metern um unseren Landeplatz ein paar Eisdicken-Bohrungen, um ein Gefühl für die Eisscholle zu bekommen. Meine Entscheidung erweist sich als ideal: Unsere Eisscholle hat über große Bereiche eine fast konstante Meereisdicke von 1,80 Meter. Die Schneedicke variiert hingegen zwischen 30 und 60 Zentimetern in diesem ebenen Bereich. Das ist typisch für eine Eisscholle, die ziemlich genau ein Jahr alt sein dürfte. Danach widmet sich das Team den Eisbohrkernen. Direkt nach dem Bohren wird gemessen, wie kalt das Eis in den verschiedenen Schichten ist. Anschließend packen wir die Kerne ein, um sie später an Bord der *FS Polarstern* weiter zu analysieren: Wie viel Salz ist noch im Kern? Was verrät uns die Struktur des Eisbohrkerns über die Reise der Eisscholle im vergangenen Jahr? Parallel baut ein Teil des Teams schon einmal unsere Schneeboje auf. Das ist ein autonomes Messsystem, welches auf der Scholle verankert wird und auch dann noch die Schneedicke misst, wenn wir längst wieder weg sind. Diese Messwerte zusammen mit Koordinaten und meteorologischen Werten wie der Lufttemperatur und dem Luftdruck sendet die Boje per Satellitenverbindung stündlich in unser Büro in Deutschland. Von dort können wir die Boje nach unserer Rückkehr verfolgen. Nachdem wir auf der ausgewählten Scholle auch weiträumig die Schnee- und Eisdicke gemessen haben und ich die vorherrschenden Strukturen und Eigenschaften des Schnees im Detail analysiert habe, ist es Zeit, unser Helikopter-Taxi zu bestellen. Schnell alles wieder einpacken, noch kurz ein paar Fotos für die spätere Dokumentation – und die Familie – und schon wird es wieder laut: Der Helikopter ist im Landeanflug. 17:00 Uhr. Zurück an Bord. Unsere Wangen sind rot von der Kälte und Sonne, aber um mich sehe ich nur strahlende Gesichter. Unsere erste Boje ist auf dem Eis ausgebracht, die ersten Daten sind gewonnen. Das ist der Beginn eines wertvollen Datensatzes. Nun müssen wir unsere Ausrüstung auspacken, vom Salz befreien und zum Trocknen auslegen, denn vielleicht kommt schon morgen die nächste Eisstation. Wir sind vorbereitet!

Weitere Informationen rund um das Thema Meereis können auf meereisportal.de gefunden und nachgelesen werden. meereisportal.de ist eine Initiative des Helmholtz-Verbundes „Regionale Klimaänderungen" (REKLIM) und des Alfred-Wegener-Instituts, Helmholtz-Zentrum für Polar- und Meeresforschung, in Kooperation mit der Universität Bremen. Frau Dr. Renate Treffeisen ist am AWI für meereisportal.de verantwortlich. Das Ziel ist es, alle wichtigen und aktuellen Informationen rund um das Thema Meereis zusammenzuführen und für die Öffentlichkeit verfügbar zu machen. Das Portal bietet seit 2013 unter anderem:

- täglich aktuelle Karten zur Meereisausdehnung und -konzentration
- Fakten und Informationen rund um das Thema Meereis
- Newsbeiträge zur aktuellen Entwicklung von Meereis
- Informationen zu laufenden Expeditionen
- Informationen zur zukünftigen Entwicklung von Meereis

Wie sehen die Folgen des Klimawandels aus?

In den letzten Jahren bekommen wir die Folgen des Klimawandels immer deutlicher zu spüren. Aber wie schlimm kann es noch werden, wenn wir jetzt nichts unternehmen? Die Klimaforschung erhebt eine Vielzahl von Daten und Messergebnissen, die verglichen und bewertet werden. Das ist nicht unproblematisch, weil die ermittelten Daten unterschiedlich gedeutet werden und dadurch verschiedene Modelle für die Zukunft entstehen. Die Vorhersagen für die nächsten 100 Jahre geben allerdings eine realistische Vorstellung von den Lebensumständen, die uns Menschen weltweit erwarten. Die verschiedenen Regionen der Erde sind von unterschiedlichen klimatischen Veränderungen betroffen.

Unruhige Zeiten in Europa
Extreme Wetterverhältnisse und damit verbundene Naturkatastrophen, wie sie auf anderen Kontinenten vorkommen, waren für uns Europäer lange Zeit unvorstellbar. Mittlerweile richten Stürme und Orkane auch in Europa großen Schaden an. Besonders zerstörerisch waren Xavier 2017, Friederike 2018 und Elsa 2019. Zwar gibt es statistisch gesehen nicht mehr Stürme über Europa als früher, aber sie sind deutlich stärker geworden. Die Hochwasser, die sie mit sich bringen, sollen in den nächsten 50 Jahren durchschnittlich einen halben Meter höher steigen als heute. Entsprechend müssen die Küstenschutzmaßnahmen

Im 21. Jahrhundert gab es in Deutschland mehrere „Jahrhundertfluten".

verstärkt und Deiche erhöht werden. Im Winter gibt es in Mittel-
europa nur noch selten Gelegenheit zum Schlittenfahren, denn
Schnee fällt in vielen Jahren nur noch in den Bergen und auch
da wird er knapp.

Durch die Erwärmung haben einige Gletscher in den Alpen schon
etwa 80 Prozent ihrer Masse verloren. Die Gletscherschmelze hat
zu einem Anstieg der Meeresspiegel im letzten Jahrhundert beigetragen. Das bedroht wiederum die Küstengebiete in aller Welt.
Im Inland dagegen könnten viele Flüsse austrocknen und der
Grundwasserspiegel wird sinken, wenn die Gletscher vollständig
abschmelzen und nicht mehr als Wasserreserve zur Verfügung
stehen. In den Wintermonaten regnet es häufiger und stärker, es
kommt zu Stürmen und Überschwemmungen.

Die Zahl schwerer Überschwemmungen stieg im 20. und 21. Jahrhundert. Sprach man 2002 beim Elbehochwasser in Deutschland
noch von einer „Jahrhundertflut", musste man 2006 feststellen,

Dürreperioden werden auch in Deutschland zunehmend zum Problem.

dass einzelne Wasserstände sogar noch höher kletterten. Das Besondere an der Katastrophe von 2013 war, dass es an vielen Orten in Europa zu enormen Niederschlägen kam. 7 Länder meldeten dramatische Überflutungen. Viele Küstenorte waren betroffen. Ganz besonders schlimm traf es in den letzten Jahren immer wieder Venedig.

Auch die sommerlichen Hitzerekorde, also viele Tage mit über 30 °C und Höchstwerten von über 40 °C gehören zu den Folgen des Klimawandels. Besonders heiß war der Jahrhundertsommer 2003 in Deutschland. Aber auch die Hitzewellen 2018 und 2019 hatten es in sich. 2019 wurde zum ersten Mal in Deutschland die 42-°C-Marke überschritten.

Im August 2019 wurde der abgeschmolzene Gletscher Okjökull in Island symbolisch beerdigt. Auf einer Erinnerungstafel steht „In den nächsten 200 Jahren ist zu erwarten, dass alle unsere wichtigsten Gletscher den gleichen Weg gehen. Diese Gedenktafel dient dazu anzuerkennen, dass wir wissen, was vor sich geht und was zu tun ist."

Hungersnöte in Afrika

Afrika besteht in seinen tropischen und subtropischen Trocken-klimazonen überwiegend aus Wüste und Steppe. Durch den Klimawandel sind diese Gebiete von anhaltender Dürre bedroht und das Wasser wird knapp. Die Wüste Sahara wächst. Fruchtba-res Land wird zur Steppe. Neue Wüsten entstehen.

In der afrikanischen Sahelzone, die sich südlich der Sahara be-findet, herrscht bereits seit den 60er-Jahren des letzten Jahrhun-derts Dürre. Lange hat man der Bevölkerung der Sahelzone vor-geworfen, dass sie zu viele Kamele, Ziegen und Rinder gehalten und dadurch den Boden geschädigt hätte. Angeblich konnten sich dadurch keine Regenwolken mehr bilden. Heute geht die Wissenschaft jedoch davon aus, dass der Klimawandel für die anhaltende Dürre verantwortlich ist.

Die Klimaforschung hat das Regenaufkommen der Region unter-

Dürre in der Sahelzone

sucht und mit Computermodellen simuliert. Die Wolken für den Monsunregen in der Sahelzone bilden sich über dem Indischen Ozean. Aber die klimatischen Bedingungen im Indischen Ozean haben sich verändert und die notwendigen Voraussetzungen für den Monsunregen sind schlechter geworden.

Die Dürre hat zur Folge, dass sich die Bevölkerung in Teilen Afrikas kaum noch selbst ernähren kann. Die Vereinten Nationen (UNO), ein weltweites Staatenbündnis, unterstützt immer mehr Menschen vor allem in der Sahelzone, im Südsudan und in Nigeria.

Gefährdung des Lebensraums in Asien

Bangladesch in Südasien am Indischen Ozean ist eines der ärmsten und am dichtesten besiedelten Länder der Welt. Rund 170 Millionen Einwohner leben auf einer Fläche, die weniger als halb so groß wie Deutschland ist, das ca. 83 Millionen Einwohner hat. Ein Drittel des Staatsgebietes gehört zur Küstenzone. Hier wohnen 35 Millionen Menschen; das sind über 20 Prozent der Bevölkerung von Bangladesch. Etwa 10 Prozent des gesamten Staatsgebietes liegen sogar nur 1 Meter über dem mittleren Meeresniveau. Der steigende Meeresspiegel macht nicht nur immer mehr Menschen obdachlos, sondern erhöht auch die Gefahr von Überflutungen. Schon bei einem Anstieg von nur 1 Meter würden bis zu 15 Millionen Menschen heimatlos.

Doch nicht nur die Küstenregionen im Süden Asiens sind bedroht. In Sibirien, im hohen Norden, hat sich das Klima in den letzten 30 Jahren um etwa 3 °C erwärmt. Die großen Waldflächen und Sümpfe von *Tundra** und *Taiga** reagieren empfindlich auf die Veränderungen des Klimas. In riesigen Gebieten Sibiriens ist der Erdboden bis in eine Tiefe von über 1.000 Metern dauerhaft gefroren. Diese Dauerfrostböden tauen jetzt. Gebäude und Straßen, die gebaut wurden, als der Boden permanent gefroren war, geraten ins Rutschen, Mauern stürzen ein und in den Straßen entstehen Löcher, weil das Eis darunter schmilzt und Hohlräume entstehen.

Trockenheit in Australien

Australien ist schon heute der trockenste Kontinent der Erde. Seit 2001 hat es vor allem im Süden des Kontinents kaum geregnet – die schlimmste Dürreperiode seit über 100 Jahren. In fast allen großen Städten muss das Trinkwasser rationiert werden. Durch den Temperaturanstieg nimmt auch hier die Anzahl der Stürme zu. Die alljährlich auftretenden Buschfeuer werden von den zunehmenden Winden kräftig angefacht, breiten sich schneller aus und wüten von Jahr zu Jahr zerstörerischer. Den vorläufigen Höhepunkt erreichten die Buschfeuer Ende 2019 und Anfang 2020, als 300.000 Hektar Fläche in Flammen standen und die Großstadt Sydney in einen dichten Rauchschleier hüllten. Schätzungen zufolge starben über 1 Milliarde Tiere in den Feuern, darunter etwa 33.000 Koalas – das sind über 41 Prozent des Gesamtbestands.

Das Great Barrier Reef ist mit einer Länge von gut 2.300 Kilometern das größte Korallenriff der Welt. 2016 und 2017 starben infolge der zu hohen Wassertemperaturen etwa ein Drittel der erwachsenen Korallen im Great Barrier Reef ab. Die Erwärmung des Meerwassers und seine Übersäuerung führten zum Aus-

Durch die verheerenden Waldbrände in Australien sind viele Ökosysteme dauerhaft geschädigt.

bleichen der Korallen und langfristig zu ihrem Absterben. 2018 schlugen Umweltschutzorganisationen erneut Alarm. Das Massensterben der Korallen ging weiter und auch die Zahl der Korallenlarven ging dramatisch zurück, teilweise um bis zu 95 Prozent. Momentan sieht es nicht so aus, als könnte sich das Riff von diesem schweren Rückschlag wieder erholen. Korallenriffe sind Lebensraum für eine Vielzahl von Pflanzen und Tieren. Mehr als 1.500 Fischarten leben allein im Great Barrier Reef. Sterben die Korallen, ist die Nahrungskette gestört und die anderen Meeresbewohner sind ebenfalls gefährdet.

Überhitzung an den Polarkreisen

Die Eisdecken an den Polen schmelzen. Vor allem in Grönland und im Westen der Antarktis misst man starke Veränderungen.

Dies hat unter anderem Auswirkungen auf den Meeresspiegel. In den letzten Jahrzehnten stieg der Meeresspiegel zehnmal schneller als in den letzten Jahrtausenden: jedes Jahr 1 bis 2 Millimeter. Seit Mitte der 2000er-Jahre sind es über 3,5 Millimeter jährlich und 2019 waren es sogar schon 3,7 Millimeter.

Die Eisschmelze ist nicht die einzige Ursache. Die Dichte des Wassers nimmt ab, wenn es wärmer wird. Dadurch vergrößert sich das Volumen des Wassers, es dehnt sich aus. Da die Ozeane in Becken zwischen den Kontinenten liegen, steigt der Meeresspiegel. Für jeden Zentimeter, den das Meer ansteigt, geht etwa 1 Meter an Küstenland verloren.

Auf dieser größer gewordenen Meeresoberfläche kann mehr Wasser verdunsten und gelangt so in den Wasserkreislauf. Wolken können durch die größere Regenmenge früher abregnen. Auf diese Weise wird es an manchen Orten in der Zukunft möglicherweise viel und an anderen überhaupt nicht regnen. In den Regionen, wo der Regen ausbleibt, werden Menschen, Tiere oder Pflanzen nicht mehr leben können.

Wirbelstürme in Amerika

In Nord- und Mittelamerika nimmt die Anzahl und Stärke der Wirbelstürme dramatisch zu. Ende der 1990er-Jahre waren es doppelt so viele wie im Jahresdurchschnitt des 20. Jahrhunderts. Sie kosten immer mehr Menschen das Leben und richten gewaltigen Sachschaden an. 2017 verwüstete der Hurrikan Harvey Texas und Louisiana in den USA sowie mehrere Staaten Mittelamerikas, unter anderem Honduras. In den nächsten 100 Jahren sollen die Zahl der Stürme und ihre Stärke sogar weiter zunehmen, denn die Entstehung solcher Naturkatastrophen wird vom warmen Wasser in den Ozeanen begünstigt. Wenn die Temperaturen steigen, können sich auch mehr und größere Stürme bilden.

So erlebt die US-Bevölkerung die Klimaerwärmung nicht mehr als etwas, was sich erst in Jahr-

Sogar aus dem All kann man die Kräfte eines Hurrikans sehen.

zehnten oder Jahrhunderten bemerkbar machen wird, sondern als reale Bedrohung in der Gegenwart. Dazu gehört auch die Zunahme der Waldbrände. Seit 1970 hat sich ihre Zahl in den USA jährlich vervierfacht. Die Forschung erklärt die gestiegene Anzahl der oft verheerenden Brände mit den gestiegenen Temperaturen und der Schneeschmelze, die immer früher im Jahr einsetzt. Beides führt zu größerer Trockenheit und erhöhter Feuergefahr.

Wirbelstürme entstehen über tropischen Meeren. Riesige Wassermengen verdunsten über dem Ozean. Der Dampf steigt nach oben. An der Wasseroberfläche wird Luft nachgesaugt. Die von den Seiten nachströmende Luft beginnt sich zu drehen. Etwas Ähnliches kann man beobachten, wenn Wasser aus der Badewanne in einen Abfluss fließt: Es entsteht ein trichterförmiger Wirbel.

Entstehung eines Hurrikans

In der Mitte des Wirbelsturms, dem Auge des Hurrikans, ist es vollkommen ruhig. Um diese Mitte kreisen gewaltige Winde mit einer Geschwindigkeit von 300 Kilometern pro Stunde und mehr. Sie können je nach Stärke große Sturmschäden, Sturmfluten, Überschwemmungen und auch Erdrutsche verursachen.

Zerstörung des Regenwaldes in Südamerika

Die Menschen in Südamerika werden in Zukunft zunehmend unter El Niño und La Niña zu leiden haben. Die Wissenschaft befürchtet außerdem, dass die Wasserverteilung sich verändern könnte. Während einige Landstriche des Kontinents noch feuchter werden, trocknen die weiten Ebenen der Pampas möglicherweise weiter aus. Ob auf den jetzt schon kargen Flächen dann noch Vieh gehalten werden kann, ist fraglich. Diese Entwicklung ist besonders problematisch, weil sie den Druck auf die Regenwaldflächen weiter erhöht. Die Viehbesitzer lassen immer größere Flächen abholzen oder sogar einfach abbrennen, um neues Weideland zu erschließen. 2019 begann unter der Regierung des brasilianischen Präsidenten Jair Bolsonaro eine neue Welle der Zerstörung im Amazonasregenwald. Dieser Raubbau wird nicht nur in Südamerika zu mehr Trockenheit führen, sondern sich weltweit auswirken. Die Zerstörung des Amazonasregenwaldes schadet gleich doppelt: Zum einen verschwindet immer mehr Wald, der enorm wichtig für das Weltklima ist, weil die Pflanzen große Mengen des Klimagases CO_2 absorbieren. Zum anderen setzen die Brände große Mengen genau dieses Gases frei und

In vielen Ländern muss der Regenwald wirtschaftlichen Interessen weichen.

belasten das Klima zusätzlich. Die Waldrodung ist für 75 Prozent des Treibhausgasausstoßes in Brasilien verantwortlich. Diese Brände gefährden das Klima und zerstören den Wohnraum von Menschen und Tieren. Sogar Völker, die bislang noch gar keinen Kontakt zur modernen Gesellschaft hatten, werden aus ihren angestammten Gebieten vertrieben.

Auf der Flucht vor dem Klimawandel

Xina ist ein junger Mann vom Volk der Sapanahuwa, der noch bis vor wenigen Jahren als Jäger und Sammler durch die Wälder des Amazonasbeckens streifte. Bis 2014 wusste die Weltöffentlichkeit nicht, dass es ihn und seine Leute überhaupt gab. Er war ein „Unkontaktierter", das bedeutet, dass er und sein Volk isoliert lebten und keinerlei Beziehung zu der Bevölkerung pflegten, die am Rande des Dschungels siedelte. Einer der ersten Menschen, auf die Xina außerhalb des Regenwalds traf, war José Carlos Mireilles von der *FUNAI**, der staatlichen Behörde für die Angelegenheiten der indigenen Bevölkerung Brasiliens. Dem Forscher erzählte Xina seine Geschichte:

„Die weißen Männer sagen, ich bin 2014 aus dem Regenwald gekommen. Ich weiß nicht, was die Zahl bedeuten soll, aber ich weiß, dass das schon lange her ist. Ich bin ein Krieger, sogar ein Anführer. Ich weiß nicht, wie alt ich bin, aber ich bin noch jung, vielleicht der jüngste Anführer, den mein Volk je hatte."

Das erste Zusammentreffen mit den Siedlern des Außenpostens Simpatia im brasilianischen Teil des Amazonasgebietes verlief nicht ohne Komplikationen. Xina und einige seiner Krieger waren gekommen, um Nahrungsmittel zu holen. Die Siedler gaben ihnen zwar Früchte zur Begrüßung, aber das reichte nicht, um auch diejenigen der Gruppe zu versorgen, die sich den Siedlern zunächst nicht zeigten.

Der Grund, der Xina und seine Leute letztlich aus dem angestammten Lebensraum vertrieben hatte, war Hunger. Von dem einst vielköpfigen Volk der Sapanahuwa waren nur noch

Die Geschichte von Xina und seinem Volk wird eindrucksvoll in der Dokumentation „Das Ende von Eden" erzählt.

14 Männer, 12 Frauen und 9 Kinder übrig. Im Regenwald konnten sie nicht mehr überleben.

„Früher haben wir Wildschweine und Schildkröten gejagt, Gürteltiere, große Fische und Kaimane", erzählt Xina weiter. Dann kamen Holzfäller und vertrieben die Sapanahuwa aus ihren Gebieten. Viele wurden getötet. Xina erinnert sich mit Schrecken: „Sie brannten unsere Hütten nieder und töteten meinen Vater und viele andere."

Dass der Klimawandel zahlreiche Ökosysteme verändert und zum Aussterben von Pflanzen und Tieren beiträgt, ist schon lange im Fokus von Forschung und Presse. Dass aber auch Menschen und sogar ganze Völker durch die Veränderungen bedroht sind, nimmt kaum jemand zur Kenntnis.

Die brasilianische Behörde FUNAI beobachtet die Unkontaktierten nur vom Flugzeug aus. Ihren Schätzungen zufolge gibt es in den Wäldern des Amazonas noch 100 unkontaktierte Völker. Sie gerieten in der Vergangenheit bereits durch Holzfäller, Viehzüchter und Goldsucher stark unter Druck und das in Gebieten, die offiziell als Lebensraum für sie ausgewiesen sind. Doch der Raubbau an ihrem Land erreichte 2019 einen neuen traurigen Höhepunkt. Das brasilianische Institut für Weltraumforschung INPE verzeichnete insgesamt 89.178 Brände am Amazonas, ein Anstieg von rund 30 Prozent im Vergleich zum Vorjahr. Die meisten gehen wohl auf das Konto von Brandstiftern.

Die für Viehweiden und Felder gerodeten Flächen versteppen zunehmend. Goldsucher vergiften das Wasser durch das Quecksilber. In den nicht zusammenhängenden Waldflächen geht die Zahl der Arten drastisch zurück. Und doch konnten Xina und sein Volk bis vor Kurzem noch als Jäger und Sammler überleben. Der Klimawandel und die damit verbundenen Veränderungen ihres Lebensraums könnten künftig immer mehr Unkontaktierte aus ihrer Heimat vertreiben und ihnen ihr traditionelles Leben unmöglich machen. Ausgerechnet Menschen, die vollkommen klimaneutral leben, bekommen die Folgen des Klimawandels als Erste zu spüren.

Momentan gefällt es Xina und seinen Leuten außerhalb des Waldes. Sie leben jetzt als Bauern und pflanzen mit Unterstützung der FUNAI Gemüse an. Damit vergrößern sie jedoch die Zahl derjenigen, die wenige Ernten auf dem nährstoffarmen Boden einbringen und dann immer neue Flächen roden müssen, um ihre Ernährung zu sichern. Für Xina, der nun kein Krieger und kein Jäger mehr sein kann, ist allerdings am wichtigsten: „Wir müssen keine Angst mehr haben. Wir sind jetzt sicher."

Weltweite politische und wirtschaftliche Folgen des Klimawandels

Die Klimakrise kann zur Ursache von Konflikten werden. Dabei geht es in Zukunft nicht um Erdöl, Macht oder unterschiedliche Weltanschauungen, Religionen und Ideologien, sondern um einfachste Bedürfnisse wie Trinkwasser und Grundnahrungsmittel. Aus Regionen, in denen die Lebensbedingungen durch den Klimawandel stark beeinträchtigt werden, sei es durch Wasserknappheit, den Verlust von Wäldern oder den Anstieg des Meeresspiegels, der mit Landverlust einhergeht, werden die Menschen in weniger betroffene Gebiete fliehen. Es ist eine weltweite Wanderungsbewegung von Umweltflüchtlingen zu erwarten.

Die Landwirtschaft ist unmittelbar vom Klima abhängig. Wir müssen damit rechnen, dass sich die landwirtschaftlichen Möglichkeiten in kühleren Klimazonen verbessern und in den tropischen und subtropischen Gebieten verschlechtern. Das bedeutet, dass sich die Lage vieler Länder, die bereits heute von Hungersnöten betroffen sind, noch weiter verschlimmern wird. Generell werden die Bevölkerungen der ärmsten Länder am meisten unter der

In Afrika leiden viele Menschen Hunger und sind auf Hilfe angewiesen.

Klimakrise leiden, obwohl diese Staaten ohne nennenswerte Industrie am wenigsten dazu beigetragen haben, das Klima aus dem Gleichgewicht zu bringen. Wie stark ein Land durch den Klimawandel belastet ist, hängt nicht nur davon ab, wie stark es Klimaveränderungen ausgesetzt ist, sondern auch davon, ob es notwendige Maßnahmen durchführen kann, um die Folgen abzumildern. Ausschlaggebend ist, ob genug Geld und technische Möglichkeiten vorhanden sind, um Ernteausfälle auszugleichen und die Landwirtschaft an die neuen klimatischen Bedingungen anzupassen, effizientere Maschinen einzusetzen oder Deiche für den Küstenschutz zu bauen. Eine Vielzahl afrikanischer Staaten, aber auch viele Länder in Asien sind wirtschaftlich nicht in der Lage, sich ausreichend vor den Folgen der Klimakrise zu schützen.

Gesundheitsgefährdung

Das Auftreten von Wetterextremen wie Hitzewellen hat gesundheitliche Folgen. Hitzebedingte Herz-Kreislauf-Erkrankungen nehmen zu. Die Zahl der Hitzetoten wird steigen.
Ein weltweiter Anstieg der Temperaturen begünstigt die Entstehung von Krankheitserregern. Durch die globale Erwärmung vergrößern sich die Verbreitungsgebiete von Krankheitsüberträgern wie Malariamücken oder Zecken. Es gibt sogar erste Überlegungen in der Forschung, inwieweit der Klimawandel Epidemien oder sogar Pandemien mitverursacht. Die meisten Erreger tödlicher Seuchen, die heute die Welt in Atem halten, sind nicht neu entstanden oder plötzlich mutiert. Sie stammen von Wildtieren. Das Dengue-Virus beispielsweise kommt außer beim

Menschen nur noch bei einigen Affenarten vor. Beim Ebola-Virus weiß man mittlerweile, dass es vermutlich von einem kleinen Jungen aus Guinea in die Welt der Menschen gebracht wurde. Er hatte in einem hohlen Baum gespielt und sich bei Fledermäusen angesteckt. Und auch bei Covid-19, ausgelöst durch das Corona-Virus, kommen Fledermäuse als Ursprung der weltweiten Pandemie infrage. In anderen Worten: Je mehr Lebensräume von Wildtieren zerstört werden, desto näher leben Menschen und Tiere zusammen. Die Übertragung von Krankheiten könnte sogar noch zunehmen.

Bedrohte Tierwelt

Tiere auf allen Kontinenten sind von den klimatischen Veränderungen betroffen. Anpassungsfähige Tiere haben bessere Überlebenschancen. Vom Aussterben bedroht sind in erster Linie hochspezialisierte Arten wie der Eisbär.

2019 war die kleine Eisbärin Hertha, die im Berliner Zoo geboren wurde, ein echter Star. Jeder wollte das süße Eisbärbaby sehen. Wäre sie nicht im Zoo geboren worden, hätte die kleine Bärin aber nur sehr geringe Überlebenschancen. Eisbären gehören zu den Tierarten, die durch den Klimawandel besonders vom Aussterben bedroht sind. Der Eisbär auf der schmelzenden Eisscholle wurde sogar zum Symbol für alle Tiere, die durch die Erderwärmung bedroht sind.

Aber warum ist gerade der Eisbär so gefährdet? Eisbären jagen ihre Hauptbeutetiere, die Robben, auf dem Packeis. Bei geschlossener Eisdecke müssen die Robben an Eislöchern auftauchen, um zu atmen. Hier lauern die Eisbären auf ihre Beute.

Die kleine Eisbärin Hertha aus dem Berliner Zoo 2019

Ohne Packeis können sie nicht zu den Jagdgebieten der Robben wandern und ohne die Robben als Nahrung können sie keine Fettreserven anlegen. Da die Eisdecke immer kleiner wird, ist auch die Futtersaison zu kurz. Die Bären finden nicht mehr genügend zu fressen. Die hungernden Weibchen bekommen weniger Junge. Sie bringen ihre Jungtiere in Höhlen, die sie aus Schnee bauen, zur Welt. Diese drohen bei zunehmenden winterlichen Regenfällen einzustürzen und die Tiere unter sich zu begraben. Das frühere Aufbrechen des Eises kann die Winterquartiere sogar von den Nahrungsquellen abschneiden. Wenn zu große Flächen geschmolzen sind, können die Jungen oft noch nicht so weite Strecken schwimmen, um ihren Müttern zum Packeis zu folgen. Sie verhungern oder erfrieren, sobald ihre Mutter auf die Jagd geht.

Robben, die Beutetiere der Eisbären, sind ebenfalls bedroht. Auch sie brauchen das schwindende Packeis für Geburt und Aufzucht ihres Nachwuchses. Weniger Robben bedeuten weniger Eisbären.

Frisst ein kräftiger Eisbär eine Robbe, lässt er normalerweise Fleisch übrig, wovon sich wiederum andere Tiere der Arktis wie der Polarfuchs oder bestimmte Möwenarten ernähren. Ist die Nahrungskette gestört, sind die Tiere des gesamten arktischen Ökosystems betroffen.

Wenn also ein Lebensraum sich dramatisch verändert, kann das sehr schnell das Aus für mehrere Arten auf einmal bedeuten. 2019 standen mehr als 105.000 bedrohte Tierarten auf der soge-nannten „Roten Liste" der Weltnaturschutzunion IUCN (Interna-tional Union for Conservation of Nature), 28.000 davon gelten als akut vom Aussterben bedroht.

Wetterspitzen und Jahreszeitenwandel

Eine der bereits sichtbaren Folgen des Klimawandels bei uns in Europa ist die Veränderung von Beginn und Dauer der Jahres-zeiten. Der Frühling fängt zunehmend früher an und das hat gra-vierende Auswirkungen auf Tiere und Pflanzen. Einige Zugvögel reisen unter Umständen nicht mehr so weit wie früher, während andere größere Strecken über trockene Gebiete zurücklegen müs-sen, wo sie nichts zu fressen finden. Langstreckenflieger könnten sogar in ihren Brutgebieten unter Nahrungsmangel leiden, weil Frührückkehrer schon viele Insekten und Kleintiere weggefres-sen haben. Bei den Pflanzen beginnen Blüte und Blattentfaltung ebenfalls früher, was ein großer Nachteil sein kann. Trotz wärme-rer Tage kann ein Nachtfrost die Blüten erfrieren lassen oder die bestäubenden Insekten können mit dem Tempo nicht mithalten.

Bäume werfen ihre Blätter früher ab, allerdings nicht, weil der Herbst früher einsetzt, sondern weil die trockenen Sommer die Pflanzen zu Notmaßnahmen zwingen. Der Klimawandel bringt zahlreiche Veränderungen für die Pflanzenwelt mit sich. Auch hier gilt, dass flexible Arten bessere Überlebenschancen haben als spezialisierte Pflanzen.

Entscheidend wird nicht nur sein, wie gravierend das Ausmaß der Klimaänderungen ist, sondern auch, wie schnell sich der Klimawandel vollzieht. Menschen, Tiere und Pflanzen brauchen Zeit zur Anpassung, dann haben sie eine bessere Chance, sich auf die veränderten Lebensbedingungen einzustellen.

Neue Generation Klimaschutz

#FridaysForFuture Wir lassen uns nicht die Zukunft stehlen

Alles begann am 20. August 2018, dem ersten Schultag nach den Sommerferien. Eigentlich sollte Greta Thunberg an diesem Tag in die 9. Klasse kommen. Stattdessen demonstrierte die 15-jährige Schülerin mit einem Schild „SKOLSTREJK FÖR KLIMATET" (Schulstreik für das Klima) zum ersten Mal vor dem schwedischen Parlamentsgebäude in Stockholm. Ihr Ziel: darauf aufmerksam machen, dass die schwedische Regierung viel zu wenig für Klimaschutz tut und damit unverantwortlich handelt. Sie wollte die Politik zum Handeln bewegen, damit sie die Ziele des Pariser Klimaabkommens einhält und die schädlichen CO_2-Emissionen reduziert.

Bis zur schwedischen Reichstagswahl am 9. September 2018 setzte Greta ihren Streik täglich fort. Danach ging sie von Montag bis Donnerstag in die Schule und streikte jeden Freitag für das Klima. Sie hatte sich für diese Form des Protests entschieden, weil sie sich von einem Schulstreik mehr Aufmerksamkeit versprach als von Demonstrationen in ihrer Freizeit. Trotz Schulpflicht nicht in die Schule zu gehen, um stattdessen zu protestieren, würde ihrer Stimme mehr Gehör verschaffen.

Und Greta sollte recht behalten. Am Anfang war sie ganz allein. Doch ihre Aktion stieß schnell auf Interesse. Medien in Schweden und auf der ganzen Welt berichteten. Bis November 2018 folgten Jugendliche in Schweden, Australien, Belgien, Frankreich, Finnland und Dänemark ihrem Beispiel und organisierten sich unter dem Hashtag FridaysForFuture.

Greta Thunberg beim Schulstreik für Klimaschutz

Auf den Vorwurf von Erwachsenen, Kinder wollten doch nur die Schule schwänzen, gab Greta folgende Antwort:
„Ich frage mich, welchen Sinn es hat, in der Schule für eine Zukunft zu lernen, wenn es diese Zukunft wegen der Umweltschäden bald nicht mehr gibt. Deswegen ist mir der Streik wichtiger als Schule."
Inzwischen ist Greta Thunberg wohl die bekannteste Klimaaktivistin weltweit. Um sich komplett auf den Klimaschutz konzentrieren zu können, hat Greta sich entschieden, bis zum Schuljahr 2020/2021 eine Auszeit von der Schule zu nehmen. Sie berührt die Menschen mit ihrem Mut und ihrer Entschlossenheit und ist Vorbild für Millionen Menschen, ganz besonders für Kinder und Jugendliche. Im Jahr 2019 wurde sie mit dem Alternativen Nobelpreis ausgezeichnet. Das amerikanische „Time"-Magazin

hat sie in die Liste der 100 einflussreichsten Persönlichkeiten des Jahres 2019 aufgenommen. Doch den Umweltpreis des Nordischen Rates hat Greta sogar abgelehnt. Die Klimabewegung brauche keine weiteren Preise, sondern Politiker und Politikerinnen, die auf die Erkenntnisse der Wissenschaft hörten.

Gretas Worte sind stark und sollen die Gesellschaft wachrütteln, die dabei ist, den richtigen Zeitpunkt für Veränderungen zu verschlafen. Einfach weitermachen, als gebe es keinen Klimawandel und seine Folgen, ist keine Option für sie. In ihren Forderungen nach konsequentem Handeln verweist Greta nachdrücklich auf die Erkenntnisse der Klimaforschung – ohne Rücksicht auf politische und wirtschaftliche Interessen. Denn es geht um unsere Existenz, vor allem von denen, die heute jung sind. Ihre Angst vor der Gefährdung ihrer Zukunft steht in Konflikt mit den Befürchtungen der älteren Generation, die wiederum ihren Wohlstand und den gewohnten Komfort nicht verlieren will.

Darum wird die Klimabewegung immer wieder zur Zielscheibe von Hass und Kritik. Man wirft den jungen Leuten vor, selbst nicht wirklich nachhaltig zu leben und keine eigenen Lösungen zu haben. Aber wer in einer modernen Gesellschaft lebt, kann nicht 100 Prozent nachhaltig leben. Wenn nur diejenigen zum Klimawandel sprechen dürfen, die das Unmögliche schaffen, dann kann niemand darüber sprechen. Auch ist es nicht die Aufgabe von Kindern und Jugendlichen, Lösungen für Probleme zu liefern, an denen die Erwachsenen seit Generationen scheitern.

Ein Teil der Wut richtet sich gegen Greta und Fridays for Future, weil sie noch so jung sind. Leider haben manche Erwachsene das

Vorurteil, dass Kinder und Jugendliche keine Ahnung von Klima hätten und sie das den Erwachsenen überlassen sollen. Aber auch, wenn Greta beschimpft wird, quasi um damit die Klimakrise kleinzureden, gibt es doch viel mehr Menschen, die sie für ihr Engagement respektieren und bewundern.

Gretas Reise über den Atlantik

Greta lehnt Flugreisen wegen des hohen CO_2-Ausstoßes grundsätzlich ab. Obwohl es von Schweden aus viel Zeit kostet, reist sie grundsätzlich mit der Bahn. Auf ihrer bisher spektakulärsten Reise zur UN-Klimakonferenz 2019 in New York musste sie jedoch den Atlantik überqueren. Um trotzdem klimaneutral zu reisen, war sie zwei Wochen auf der Segeljacht Malizia II unterwegs, die ihren Strom aus *Hydrogeneratoren** sowie einem Fotovoltaiksystem bezieht.

Gretas Reise zur UN-Klimakonferenz in New York

Gemütlich war es auf der Hochseejacht nicht: Es gab gefriergetrocknetes Essen und nur einen Eimer als Toilette.

Auf die Aktion folgte auch Kritik, weil in der CO_2-Bilanz wegen der notwendigen Rückführung des Bootes und der Crew am Ende doch mehrere Flüge auftauchten. Jedoch hat Gretas konsequente Weigerung, selbst zu fliegen, Vorbildcharakter. Sie zeigt damit, wie wichtig es ist, aus der eigenen Komfortzone herauszukommen und dem Klima zuliebe auf Annehmlichkeiten zu verzichten.

Fridays for Future in Deutschland

Fridays for Future ist eine sogenannte „Graswurzelbewegung", das bedeutet alle sind gleich und es gibt keinen Anführer. Etwa 600 FFF-Ortsgruppen gibt es in Deutschland. Doch tauchen einige aus dem bundesweiten Organisationsteam häufiger in den Medien auf als andere. Die Geografie-Studentin Luisa Neubauer ist eines der bekanntesten Gesichter der Klimaschutzbewegung 2019/2020 in Deutschland. Sie ist eine der Hauptverantwortlichen für die Organisation des von Greta Thunberg inspirierten Klimastreiks Fridays for Future in Deutschland. Ihre Hauptziele sind ein Kohleausstieg bis 2030 in Deutschland und eine Klimapolitik für eine Gesellschaft ohne CO_2-Emissionen. Als Gastautorin des WWF-Blogs schreibt sie am 24.01.2019, wie dringend gegen den Klimawandel gehandelt werden muss.

„Denn es fühlt sich tatsächlich so an, als würden wir in einem Auto sitzen, das auf einen Abgrund zusteuert. Doch anstatt zu bremsen, wird beschleunigt."

Die Bewegung sorgt für Diskussionen. Sie stellt sehr viel von dem infrage, was für unser heutiges Leben selbstverständlich ist, von der Ernährung, insbesondere dem Fleischkonsum, über Konsum generell bis hin zu Reisen und alltäglicher Mobilität.

> „Wir sind hier, wir sind laut, weil ihr uns die Zukunft klaut!"

Das ist alles andere als bequem, aber ein wichtiger Anstoß, den eigenen Egoismus und den eigenen Anteil an der Verschwendung natürlicher Ressourcen zu überdenken.

Fridays for Future zeichnet sich auch dadurch aus, dass die Bewegung sich auf wissenschaftliche Fakten berufen kann und dies auch tut. Ein wichtiger Schritt ist die Unterstützung der Bewegung durch Wissenschaftlerinnen und Wissenschaftler, die sich für eine nachhaltige Zukunft engagieren.

Scientists for Future

Am 12. März 2019 verkündeten renommierte Wissenschaftlerinnen und Wissenschaftler unterschiedlicher Fachrichtungen auf gleichzeitig stattfindenden Pressekonferenzen in Berlin, Wien und Graz, dass sie die streikenden Schüler und Schülerinnen unterstützen. Die zugehörige Stellungnahme haben über 26.800 Wissenschaftler und Wissenschaftlerinnen überwiegend aus Deutschland, Österreich und der Schweiz unterzeichnet. Sie bestätigen darin, dass die Durchschnittstemperatur weltweit bereits um etwa 1 °C angestiegen ist, und vor allem, dass der Temperaturanstieg nahezu vollständig auf die von Menschen verursachten Treibhausgas-Emissionen zurückzuführen ist. Sie warnen eindringlich vor den weiter steigenden CO_2-Emissionen und den Auswirkungen der globalen Erwärmung, nämlich der Gefährdung der menschlichen

Lebensgrundlagen. Damit hat die Wissenschaft wesentlich dazu beigetragen, dass die Fridays-for-Future-Bewegung mehr Aufmerksamkeit und mehr Glaubwürdigkeit erhalten hat.

Mittlerweile gibt es auch noch andere Unterstützergruppen wie Parents for Future (Eltern für die Zukunft), Artists for Future (Kunstschaffende für die Zukunft), Health for Future (Menschen aus Gesundheits- und Pflegeberufen für die Zukunft).

Die wöchentlichen Streiks und andere Aktionen wie #Neustart-Klima, internationale Klimaaktionstage, werden im Netz organisiert. Die Jugendlichen und jungen Erwachsenen kommunizieren und koordinieren sich über Chats in sozialen Medien und Messenger-Diensten und können dort auch an Diskussionen teilnehmen. Bei den Demonstrationen sind über die Hälfte der Teilnehmerinnen und Teilnehmer zwischen 14 und 19 Jahre alt. Einige sogar jünger. Der Anteil junger Frauen ist hoch. Fast drei Viertel gehen noch in die Schule oder studieren.

Was passiert, wenn Schüler und Schülerinnen wegen Fridays for Future den Unterricht verweigern?

In Deutschland herrscht Schulpflicht. Aber die Rechtslage ist komplex. Denn wer an Schulstreiks teilnimmt, kann sich auf die im Grundgesetz verankerte Versammlungsfreiheit berufen. Im Artikel 8, Absatz 1 des Grundgesetzes heißt es: „Alle Deutschen haben das Recht, sich ohne Anmeldung oder Erlaubnis friedlich und ohne Waffen zu versammeln." Es kollidieren also Schulpflicht und Versammlungsfreiheit. Es ist somit nicht eindeutig klar, ob die Teilnahme schulpflichtiger Schüler und Schülerinnen an Versammlungen von Fridays For Future während der Unterrichtszeit rechtswidrig ist oder nicht. Allerdings können Schulen Fehlzeiten ins Zeugnis eintragen, Ordnungswidrigkeitsverfahren einleiten oder Prüfungen und Klassenarbeiten während der Demonstrationen ansetzen.

Zusätzlich haben auch Eltern rechtlichen Einfluss. Sie können ihr Erziehungsrecht nutzen und entscheiden, ob ein Kind an einer Demonstration teilnehmen darf, aber sie können das Kind nicht von der Schulpflicht entbinden.

Schüler haben kein Streikrecht. Die Definition von Streik ist die Verweigerung der Arbeitsleistung von Arbeitnehmern. Streiken können also nur bezahlte Arbeitskräfte. Korrekt wäre es, von einem Schulboykott zu sprechen. Aber auch ein Unterrichtsboykott gilt als nicht zulässig.

Das Recht auf Versammlungsfreiheit kann nur geltend gemacht werden, wenn sich das Kind aus eigenem Willen dafür entschieden hat. Prof. Dr. Tristan Barczak vom Institut für Öffentliches Recht und Politik der Westfälischen Wilhelms-Universität Münster schreibt in den WWU News: „Das gilt auch und gerade, wenn Kinder in zukunftsträchtigen gesellschaftspolitischen Fragen wie Klimaschutz, globale Gerechtigkeit oder Digitalisierung andere Meinungen haben als die Generation ihrer Eltern und Lehrer." Das trifft bei FFF zu. Fazit: Die Frage, welches Rechtsgut im konkreten Einzelfall mehr Bedeutung hat, ist also nicht eindeutig zu beantworten: „Es kommt ganz darauf an", ist die typische Antwort der Juristen.

Wenn Fridays for Future nachhaltig etwas erreichen will, muss der Druck auf die Politik konstant bleiben oder sogar noch erhöht werden, das ist nicht einfach. Wie weit werden die Streiks

In vielen deutschen Städten versammeln sich freitags Kinder, Jugendliche und Erwachsene, um für den Klimaschutz zu demonstrieren.

noch tragen? Braucht man ein breiteres Spektrum an Aktionen? Wichtig ist, dass die Formen von Protest auf jeden Fall gewaltfrei und die Inhalte wissenschaftlich fundiert bleiben.

Klimakrise auf YouTube, Twitter und Co

Das Thema Klimakrise wird auch in den sozialen Medien heftig diskutiert.

Alle, die dem Klimawandel skeptisch gegenüber stehen oder ihn komplett leugnen, lassen sich im Internet breit gestreut über den angeblichen „Klimaschwindel" aus. Sie zweifeln grundsätzlich an, dass es den Klimawandel überhaupt gibt und dass er von Menschen verursacht wird. Eines ihrer Schlagwörter ist die „Klimahysterie" – ein Begriff, der 2019 sogar zum Unwort des Jahres gewählt wurde. Den Klimaaktivisten und Klimaaktivistinnen sowie den Medien, die sie häufig als „Lügenpresse" bezeichnen, werfen sie vor, durch Inkompetenz und falsche oder einseitige Berichterstattung Angst zu verbreiten. Diese vehement vertretenen Behauptungen sollten nicht ohne Widerspruch bleiben.

Der berühmte Physiker Albert Einstein soll gesagt haben: „Es ist schwieriger, eine vorgefasste Meinung zu zertrümmern als ein Atom." Tatsächlich ist es nicht einfach, mit Leuten zu diskutieren, die die Existenz des Klimawandels, seine Ursachen und seine voraussichtlichen Folgen anzweifeln. Häufig ignorieren oder leugnen sie Fakten, die ihre Meinung nicht unterstützen. Trotzdem sollte man versuchen und nicht aufgeben, im Gespräch zu bleiben und mit Argumenten, Daten und Zahlen zu überzeugen. Hier ein paar Antworten auf die häufigsten Behauptungen:

1. Behauptung: Es gibt keinen Klimawandel
Nachprüfbare Messungen und Datenanalysen aller maßgeblichen Klimaforscher und Klimaforscherinnen überall auf der Welt beweisen, dass sich die Erde seit dem Industriezeitalter stetig erwärmt. Wir haben außerdem die höchste CO_2-Konzentration seit 800.000 Jahren. Beides wissen wir, weil die Analyse von Baumringen, Eisbohrkernen und viele andere Untersuchungen uns längst mit Daten lange vor der Wetteraufzeichnung versorgen.

2. Behauptung: Der Mensch ist nicht schuld am Klimawandel
99 Prozent aller Forschenden, die Fachaufsätze zum Klimawandel veröffentlichen, sind der Überzeugung, dass

der Klimawandel durch den Menschen verursacht ist. Zwar stimmt die häufig zitierte Behauptung, dass der Mensch nur ungefähr 3,5 Prozent der CO_2-Emissionen weltweit verursacht, aber leider handelt es sich dabei um genau die Menge, die den natürlichen Kohlenstoffkreislauf instabil macht und das Fass zum Überlaufen bringt.

3. Behauptung: Klimaaktivismus ist Klimahysterie, es wird schon nicht so schlimm werden

Die starken Klimaschwankungen der Erdgeschichte beweisen, wie empfindlich das Klimasystem auf Störungen des CO_2-Kreislaufs reagiert. Schmelzendes Eis an den Polen, zurückweichende Gletscher, ansteigender Meeresspiegel, zunehmende Wetterextreme, globales Artensterben und geschädigte Ökosysteme sind unleugbare Fakten für bedeutende Veränderungen und können nicht mehr als „normale" Naturphänomene eingestuft werden. Der Klimawandel gefährdet nicht die Erde selbst, aber das Leben auf der Erde, Klimaschutz ist Lebensschutz. Menschen sind gleichzeitig Verursacher und Betroffene der Klimakrise. Es ist angemessen und keinesfalls hysterisch, Verantwortung für die Folgen unseres Handelns zu übernehmen.

Natürlich nutzen auch Klimaaktivisten und Klimaaktivistinnen das Internet als Plattform, um sich für den Klimaschutz starkzumachen. Und sogar von anderen Themen her bekannte YouTuber und YouTuberinnen äußern sich zu klimapolitischen Schwerpunkten. Sie posten nachhaltige Fashiontipps, werben für vegetarische oder vegane Ernährung und kritisieren Flugreisen. Ihre Reichweite nutzen sie, um auch politisch Einfluss zu nehmen.

Prominentestes Beispiel ist der YouTuber Rezo, der vor der Europawahl 2019 in einem einstündigen Video mit der deutschen Klimapolitik abgerechnet hat. Seiner Meinung nach ignoriert die Regierung jede Expertenwarnung, gerade im Klimaschutz, und er argumentiert mit über 100 Expertenmeinungen, dass der aktuelle Regierungskurs die Zukunft zerstört.

Die YouTuberin Mai Thi Nguyen-Kim alias „maiLab" ist Chemikerin und zeigt auf ihrem Kanal, was man jetzt gegen den Klimawandel tun kann. Kennzeichnend ist auch in ihren Videos, dass nicht nur Meinungen präsentiert werden, sondern Aussagen und Argumente mit wissenschaftlichen Fakten und Quellen belegt sind.

Instagram hat zwar eher den Ruf einer Konsum- und Scheinwelt, aber mittlerweile gibt es auch hier eine Gegenbewegung zum Marketing und der Selbstinszenierung von *Influencer*innen*, die sogenannten *Sinnfluencer*innen*. Sie setzen auf gesellschaftsrelevante Themen wie Achtsamkeit, Umweltbewusstsein, faire Kleidung oder ökologisch sinnvolle Ernährung.

Bekannte YouTuber und YouTuberinnen nutzen mit großem Erfolg ihre Popularität, um im Netz auf Spendenaktionen zur Finanzierung von Klimaprojekten aufmerksam zu machen. Auf jeden Fall sollte man sich aber, bevor man beim Crowdfunding mitmacht, gut informieren, damit man wirklich nur seriöse und sinnvolle Projekte unterstützt.

Klimapolitik

„How dare you" („Wie könnt ihr es wagen").

Mit nur drei Worten, die im Internet viral gingen, klagte Greta Thunberg auf einem zusätzlich einberufenen Klimagipfel der *UN** am 23.09.2019 in New York die Staatsoberhäupter sowie Spitzenpolitikerinnen und Spitzenpolitiker der Welt an. In ihrer leidenschaftlichen Ansprache, die vollständig im Internet zu finden ist, hat die junge Schwedin Klartext gesprochen – und Geschichte geschrieben. Deutlich hat sie alle bisherigen Versäumnisse auf den Punkt gebracht und damit die teilnehmenden Staats- und Regierungschefs, darunter auch die deutsche Bundeskanzlerin Angela Merkel und der französische Präsident Emmanuel Macron, scharf kritisiert: Seit über 30 Jahren hätte die Politik nichts getan, um das Klima zu retten. Es sei nur geredet worden und leeren Versprechungen seien keine Taten gefolgt.

Kritische Stimmen warfen ihr Panikmache und Realitätsverlust vor, viele applaudierten. So äußerte sich Angela Merkel in ihrer Rede positiv über den „Weckruf der Jugend" und versprach, dass Deutschland seinen Teil im Kampf gegen den Klimawandel beitragen wird. Der US-Präsident Donald Trump hingegen, der nur kurz vorbeischaute, verspottete Greta via Twitter.

Mit ihrem Einsatz haben die Jugendlichen geschafft, was Wissenschaft und Umweltschutzorganisationen bisher nicht in gleichem Maße gelungen ist: Der Klimawandel ist in den Fokus der Weltöffentlichkeit gerückt und Klimaschutz zu einem zentralen Thema der internationalen Politik geworden.

Gemeinsam mit 15 weiteren Kindern und Jugendlichen hat Greta Thunberg eine Menschenrechtsbeschwerde beim UN-Kinderrechtsausschuss eingereicht. Sie werfen den Staaten vor, zu wenig gegen den Klimawandel zu tun und damit gegen die Kinderrechtskonvention zu verstoßen. Dabei geht es unter anderem um das Recht auf Gesundheit, Entwicklung und kindgerechte Lebensbedingungen.

Aber was tut die Politik eigentlich für den Klimaschutz? Klimaschutz ist aufwendig und die Verantwortung wird von den einzelnen Nationen gerne auf die Staatengemeinschaft abgewälzt. Viele Länder machen es sich leicht und warten auf globale Lösungen, um selbst nichts unternehmen zu müssen. Gleichzeitig verschmutzen sie weiter die Atmosphäre.

Bereits seit vielen Jahren beschäftigen sich Politiker und Politikerinnen einzelner Staaten, auf *EU**-Ebene, bei den *G-8**-Gipfeln und auch bei der UN mit dem Weltklima. Aber es geht insgesamt nur sehr schleppend voran. Seit 1995 findet jährlich die internationale Klimakonferenz der *UN** statt, die häufig auch als „Welt-Klimakonferenz" bezeichnet wird, weil Regierungsvertreterinnen und Regierungsvertreter aller 197 Vertragsstaaten teilnehmen. Bis heute ist sie das wichtigste Ereignis in der Klimapolitik und inzwischen zu einer Großveranstaltung mit mehr als 20.000 Teilnehmern geworden. Neben den Regierungsvertretern und Regierungsvertreterinnen der einzelnen Staaten, die die politischen Beschlüsse fassen, sind außerdem Beobachter von Umweltschutzorganisationen wie *World Wide Fund for Nature, Greenpeace* oder der *Naturschutzbund*

Deutschland sowie Vertretern und Vertreterinnen der Wirtschaft, beispielsweise von der Weltbank, der Organisation für wirtschaftliche Zusammenarbeit und Entwicklung und vom Weltklimarat mit dabei. Ihre Aufgabe ist es, die Ergebnisse der Verhandlungen öffentlich zu machen und die Umsetzung von Beschlüssen über die Konferenzen hinaus zu beobachten und anzumahnen.

Beim Weltklimagipfel 1997 im japanischen Kyoto wurde mit der Klimarahmenkonvention, dem sogenannten „Kyoto-Protokoll", beschlossen, Emissionen zu verringern. Um die gefährlichen Klimakiller in den Griff zu bekommen, entwarfen kluge Köpfe den Emissionshandel.

Der Emissionshandel funktioniert nach dem „Cap and Trade"-Prinzip. Mit dem Cap, dem Deckel, wird für den Ausstoß schädlicher Gase eine Obergrenze festgelegt, die dafür sorgen soll, dass sich die Erde nicht weiter erwärmt. Diese Abgabemenge wird zwischen den Staaten aufgeteilt und in Form von Emissionsrechten ausgegeben. Jedes *Industrieland*,* das sich dem Kyoto-Protokoll verpflichtet hat, bekommt eine im Protokoll festgelegte Menge von Emissionsrechten und darf eine bestimmte Menge an Abgasen ausstoßen.

Einige Länder sind engagierter im Einsparen von Emissionen als andere. Damit die geplante Ausstoßmenge insgesamt nicht überschritten wird und es einen Anreiz gibt, Energie zu sparen, dürfen Länder ihre eingesparten Emissionsrechte an andere Länder verkaufen, die mehr Abgase ausstoßen, als sie eigentlich dürfen.

Um nun die Emissionen schrittweise zu verringern, wird die weltweite Obergrenze jährlich gesenkt.

Erst 2004 trat das Kyoto-Protokoll auch wirklich in Kraft. Damit der Emissionshandel überhaupt eine sinnvolle Wirkung zeigen konnte, mussten wenigstens 55 Prozent der Emissionen weltweit durch die Maßnahmen des Protokolls geregelt werden. Das war mit dem Beitritt Russlands der Fall. Mittlerweile haben sich 191 Staaten dem Kyoto-Protokoll angeschlossen. Das ist insgesamt eine positive Entwicklung, aber es gibt auch Rückschritte. Kanada ist 2011 wieder aus dem System ausgetreten und die Vereinigten Staaten haben das Kyoto-Protokoll gleich zu Beginn abgelehnt. Dies ist zunehmend problematisch, da die USA allein 35 Prozent der weltweiten Emissionen produzieren.

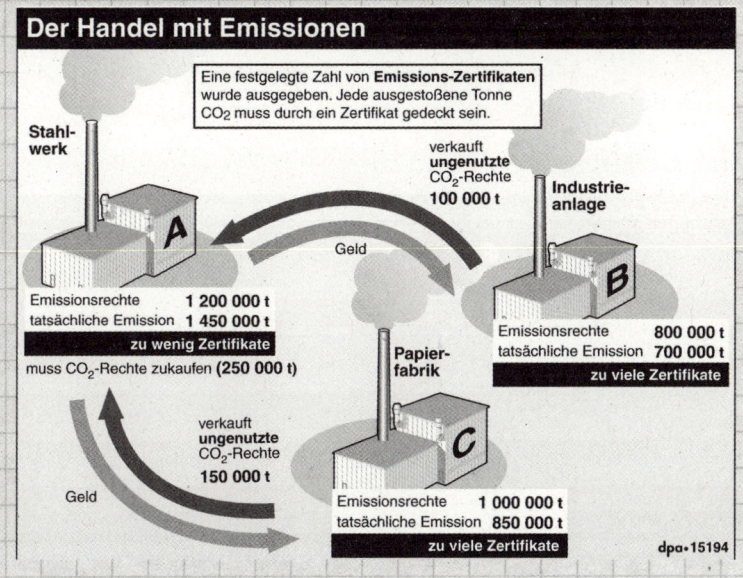

Der Handel mit Emissionen

Eine festgelegte Zahl von **Emissions-Zertifikaten** wurde ausgegeben. Jede ausgestoßene Tonne CO_2 muss durch ein Zertifikat gedeckt sein.

Stahl-werk

A

Emissionsrechte 1 200 000 t
tatsächliche Emission 1 450 000 t
zu wenig Zertifikate
muss CO_2-Rechte zukaufen (250 000 t)

verkauft **ungenutzte** CO_2-Rechte **100 000 t**

Geld

Industrie-anlage

B

Emissionsrechte 800 000 t
tatsächliche Emission 700 000 t
zu viele Zertifikate

Papier-fabrik

C

verkauft **ungenutzte** CO_2-Rechte **150 000 t**

Geld

Emissionsrechte 1 000 000 t
tatsächliche Emission 850 000 t
zu viele Zertifikate

dpa·15194

Seit 2005 versucht die EU, weitere Emissionen einzusparen, indem sie Emissionshandel zwischen einzelnen Unternehmen erlaubt.

Doch der Emissionshandel ist nicht für alle eine gute Lösung. Wissenschaft und Umweltverbände kritisieren, dass die erlaubten Ausstoßmengen viel geringer sein müssten. Außerdem können Firmen mit hohem Ausstoß viel zu leicht Emissionspapiere von Firmen erwerben und haben kaum Gründe, umweltfreundlichere Technologien zu entwickeln.

Der 21. Klimagipfel, der 2015 in Paris stattfand, gilt als historisches Ereignis der Weltklimapolitik und das dort beschlossene Pariser Abkommen als Meilenstein zur Bekämpfung des Klimawandels. Am 04.11.2016 trat der internationale Klimavertrag in Kraft. Darin wurde die Begrenzung der Erderwärmung auf unter 2 °C und möglichst unter 1,5 °C festgelegt, und zwar bindend für alle teilnehmenden Staaten. Reiche Länder wie Deutschland haben eine Vorbildfunktion und eine besondere Verantwortung. Sie sollen weniger reiche Länder beim Klimaschutz unterstützen. Jedes Land konnte seine Ziele für den globalen Klimaschutz festlegen, je nachdem, wie viel es beitragen kann und will. Diese klimapolitischen Selbstverpflichtungen, auf denen der Vertrag basiert, sind freiwillig und die Ergebnisse sollen alle fünf Jahre vorgelegt werden. Aber keines der 20 wichtigsten Industrie- und Schwellenländer*, die für 80 Prozent des weltweiten Ausstoßes von Treibhausgas verantwortlich sind, tut bis jetzt genug, um die Erderwärmung auf 1,5 °C zu begrenzen. Wenn die Staaten nur

ihre aktuellen Klimaschutzzusagen erfüllen, wird es laut Klimaforschung bis Ende des Jahrhunderts 3 °C wärmer werden – mit
gefährlichen Folgen.

Klimaschutz-Index

Der Klimaschutz-Index (KSI) ist ein von der deutschen Um-
welt- und Entwicklungsorganisation Germanwatch e.V.
entwickeltes Modell. Der KSI bewertet und vergleicht die
Klimaschutzleistungen von 56 Staaten und der EU, die zusammen für mehr als 90 Prozent der globalen Treibhausgas-
emissionen verantwortlich sind. Die Länder werden anhand
von 14 Themen aus den Kategorien Treibhausgase, erneuerbare Energien, Energieverbrauch und Klimapolitik bewertet
und erhalten einen entsprechenden Platz in der Rangfolge.
So soll der politische und öffentliche Druck auf diejenigen
Länder verstärkt werden, die bislang noch zu wenig Klimaschutz leisten. Es werden aber auch die Länder hervorgeho-
ben, die mit positiver Signalwirkung vorangehen.

Immerhin unterzeichneten das Pariser Klimaabkommen auch
die größten Klimasünder China und USA, die sich zuvor fast aus-
schließlich an den eigenen Wirtschaftsinteressen orientiert hatten. Barack Obama war der erste US-Präsident, der Maßnahmen
zum Klimaschutz zumindest angeregt hat.
Wie abhängig der Klimaschutz von den Launen der jeweiligen
Regierungen ist, zeigte sich 2017. Da war es wegen der Präsident-
schaft von Donald Trump, einem Leugner des Klimawandels,
schon wieder vorbei mit dem Klimaschutz der USA. Die neue
Regierung trat aus dem Pariser Klimaabkommen und dem UN-

„Zeit zu handeln" lautete der Leitsatz der 25. Weltklimakonferenz in Madrid. Doch am Ende wurde nur daran erinnert, dass die neuen Klimaschutzpläne für 2020 schärfer formuliert werden sollen.

Klimavertrag aus – statt CO_2-Emissionen zu reduzieren, setzt sie wieder verstärkt auf fossile Energieträger wie Erdöl und Kohle. Ein Hoffnungsschimmer für die Zukunft: Auch in den USA gibt es Gegenreaktionen von Befürwortern des Abkommens, wie die U.S. Climate Alliance von den Regierenden vieler US-Bundesstaaten oder das Bündnis aus nicht staatlichen Klimaschützern und Klimaschützerinnen „We are still in" („Wir sind noch dabei"). Die Sorge war groß, dass andere Staaten dem amerikanischen Beispiel folgen. Die USA blieben bisher jedoch mit ihrer ablehnenden Haltung zum Klimaabkommen allein. Russland ist 2019 dem Pariser Abkommen beigetreten, nachdem die Bevölkerung bereits die Folgen des Klimawandels, wie verheerende Waldbrände in Sibirien und die auftauenden Permafrostböden, zu spüren bekommen hatte. Bis 2020 soll ein Maßnahmenkatalog vorliegen, mit dem Russland die Klimaziele erreichen will.

Europäische Klimapolitik

Bei der Europawahl im Juni 2019 zeigten die Wählerinnen und Wähler, wie wichtig ihnen der Klimaschutz ist, und gaben ihre Stimmen verstärkt den ökologischen Parteien. Dieses öffentliche Interesse machte den Klimaschutz zu einem politischen Schwerpunkt der Europäischen Union. Denn klimapolitisch engagierte Abgeordnete sind die Voraussetzung, dass beim Klimaschutz Fortschritte gemacht werden.

Bis 2050 will die EU klimaneutral werden. Der Gesetzentwurf wurde im März 2020 vorgelegt. Für 2030 hat sich die EU das Zwischenziel gesetzt, den CO_2-Ausstoß im Vergleich zu 1990 um mindestens 50 Prozent zu senken. Mit dem „European Green Deal" (Europäischen Grünen Deal), der im Dezember 2019 vorgestellt wurde, soll dies erreicht werden. Zu dem Bündel politischer Initiativen gehören unter anderem der Ausbau erneuerbarer Energien und Maßnahmen zum Energiesparen. Außerdem will die EU die E-Mobilität weiter vorantreiben und den Flugverkehr begrenzen. Die Wälder in der EU sollen erhalten und wieder aufgeforstet werden. Auch in den Städten sollen Tausende Bäume gepflanzt werden.

Das Europäische Parlament will viel Geld in den Green Deal stecken. Doch Klimaschutzorganisationen werfen der Politik vor, dass der Klimaschutz immer noch den Wirtschaftsinteressen untergeordnet wird. Die politische Begründung ist, dass nur durch unser auf Wachstum ausgerichtetes Wirtschaftssystem Arbeitsplätze und der aktuelle Lebensstandard erhalten werden. Eine Studie der Friedrich-Ebert-Stiftung und der Prognos AG hat überprüft, wie der Arbeitsmarkt sich entwickeln würde, wenn durch Ausbau der Elektromobilität und der erneuerbaren Energien sowie die klimafreundliche Modernisierung von Gebäuden die Klimaziele von Paris erreicht würden. Das Ergebnis der Studie ist, dass die Energiewende eine Herausforderung wird. Deswegen müssen aber nicht unbedingt Arbeitsplätze verloren gehen. Denn durch den Klimaschutz entstehen in der Energiewirtschaft und in der klimafreundlichen Mobilität auch viele neue Jobs in Deutschland, die wegfallende Arbeitsplätze in Kohlekraftwerken oder der Automobilindustrie ersetzen.

Ein Argument für den Klimaschutz ist, dass der Kampf gegen den Klimawandel der europäischen Wirtschaft nicht schadet. Im Gegenteil: Die EU könnte sogar Geld einsparen, wenn sie weniger abhängig von importiertem Öl oder Gas wäre. Auch die Kosten

Im Europäischen Parlament in Brüssel wird über die europäische Klimapolitik entschieden.

für Gesundheitsschäden, die durch Luftverschmutzung verursacht werden, könnten gesenkt werden. Die Wirtschaft kann also auch vom Klimaschutz profitieren.

Klimapolitik in Deutschland

In Deutschland, der größten Wirtschaftsmacht Europas, versucht sich die Politik im Spagat zwischen wirtschaftlichen Interessen und den eingegangenen Verpflichtungen, den CO_2-Ausstoß zu reduzieren. Das mäßige Ergebnis beim Klimaschutzindex 2019 und die schlechte Leistung in der Kategorie Treibhausgase ist vor allem dadurch begründet, dass Deutschland nach wie vor einer der größten Verbraucher von Braunkohle ist und die Regierung bisher noch keine konkreten Maßnahmen zur Umsetzung des Pariser Abkommens vorgelegt hatte.

Das sollte sich alles mit dem neuen Klimapaket ändern, das im Dezember 2019 verabschiedet wurde. Um die Klimaziele zu erreichen, stellt die Regierung viel Geld bereit. Allein bis 2023 sollen 54 Milliarden Euro in neue Technologien, Infrastruktur und umweltfreundliches Verhalten investiert werden. Die Maßnahmen sollen dafür sorgen, dass auch Menschen mit kleinem oder mittlerem Einkommen auf umweltfreundlichere Alternativen umsteigen können.

Welche Maßnahmen beinhaltet das Klimapaket?

Der wichtigste Punkt beim Klimapaket ist die Einführung eines CO_2-Preises. Dies ist ein Preis auf die Emission von CO_2. Die Unternehmen kaufen Zertifikate. Ab 2021 kostet so ein Zertifikat pro Tonne CO_2-Ausstoß 25 Euro. Bis 2025 soll der Preis auf 55 Euro pro Tonne steigen. Der Preis wird an die Verbraucher weitergegeben. Das bedeutet, dass die Benzinkosten für das Autofahren steigen und das Heizen mit Gas und Öl teurer wird. Dadurch steigt der Anreiz, auf Elektrofahrzeuge umzusteigen und neue klimafreundliche Heizungen einzubauen und die Häuser und Wohnungen besser zu isolieren. Für neue Heizungen, bessere Wärmedämmung oder neue Fenster und Türen gibt es außerdem auch Fördermittel.

Bahntickets sollen günstiger werden, die Mehrwertsteuer auf Fernverkehrstickets wird von 19 auf 7 Prozent gesenkt. Für Flugtickets soll es wiederum höhere Steuern geben.

Auch außerhalb des Klimapakets werden weitere politische Maßnahmen zum Klimaschutz diskutiert. Höchstgeschwindigkeiten auf deutschen Autobahnen werden jedoch vorerst nicht eingeführt. Am 17. Oktober 2019 wurde bei einer Abstimmung im Bundestag ein Tempolimit von 130 km/h auf deutschen Autobahnen abgelehnt. In der EU ist Deutschland das einzige Land, in dem es kein Tempolimit auf der Autobahn gibt. Dabei wäre ein Tempolimit eine kurzfristige und kostengünstige Maßnahme, um CO_2-Emissionen und den Kraftstoffverbrauch wirksam zu reduzieren. Außerdem gäbe es auch weniger schwere Unfälle, wenn alle langsamer fahren. Trotzdem wurde dieser wichtige Schritt hin zu einer sicheren und klimafreundlichen Mobilität der Zukunft bisher verpasst.

Streitthema Kohleausstieg

Beim Thema Kohleausstieg geht es nur langsam voran. Zwar wurde am 21. Dezember 2018 der Steinkohleabbau endgültig und unwiderruflich offiziell eingestellt. Trotzdem gibt es auch weiterhin Steinkohlekraftwerke, für die Steinkohle jetzt aus dem Ausland importiert wird. Auch der Klimakiller Nummer eins in Deutschland, die Braunkohle, bleibt. Bei der Umwandlung der Braunkohle in Energie werden große Mengen CO_2 freigesetzt und die Gewässer über das Kühlwasser aufgeheizt.

Im Januar 2020 hat die Bundesregierung beschlossen, alle Kohlekraftwerke bis spätestens 2038 abzuschalten.

Doch Klimawissenschaftlerinnen und Klimawissenschaftler halten das Ende der Kohleverstromung noch vor 2030 für notwendig, um die Klimaziele des Pariser Abkommens zu erreichen. Wenn man unter einer Erderwärmung von 1,5 °C bleiben will, dann darf Deutschland nicht noch 20 Jahre lang Kohle verbrennen. Trotz des beschlossenen Kohleausstiegs ist sogar geplant, dass im Sommer 2020 noch ein neues Steinkohlekraftwerk,

Die Emissionen von Kohlekraftwerken sind dramatisch hoch.

Datteln 4, in Betrieb geht. Die Kohlekommission der Regierung hatte gefordert, dies durch Verhandlungen zu verhindern. Es ist in der jetzigen Klimadiskussion schwer nachzuvollziehen, dass ein neues Kohlekraftwerk Strom produziert.

Ein Symbol für den Kampf um den Kohleausstieg in Deutschland ist der Hambacher Forst. Dieser Mischwald sollte im Oktober 2019 abgeholzt werden, um an die darunterliegende Braunkohle zu kommen. Das Ende schien klar: Die Macht lag bei der Wirtschaft, also beim Energiekonzern, auf dessen Seite sich die Landesregierung gestellt hatte. Dann hat jedoch das Oberverwaltungsgericht Münster einen vorläufigen Rodungsstopp verhängt und dafür gesorgt, dass der Konzern vorerst keine Bäume fällen darf. Erst musste geklärt werden, ob es sich bei dem Wald um ein besonders schützenswertes Naturschutzgebiet handelt, weil in dem Wald seltene und geschützte Tiere leben wie die Haselmaus oder der Springfrosch. Das Urteil war ein großer Sieg für die Umweltbewegung und es wurde wertvolle Zeit gewonnen. Mit der Einigung auf den deutschlandweiten Kohleausstieg Mitte Januar 2020 stand dann endgültig fest: Der Hambacher Forst bleibt!

Aktuell sind in Deutschland etwa 130 Kohlekraftwerke in Betrieb. Befürworter heben hervor, dass Kohlekraft eine der kostengünstigsten Stromarten und anders als erneuerbare Energien, wie Windkraftanlagen, unabhängig von äußeren Bedingungen rund

Durch den Abbau von Braunkohle werden ganze Landstriche verwüstet und das Grundwasser für Jahrhunderte verschmutzt.

um die Uhr verfügbar ist. Dabei werden aber oft die sogenannten „Ewigkeitskosten" ignoriert. Ewigkeitskosten sind die Kosten für die Umweltschäden, die auch lange nach Beendigung des Kohleabbaus noch anfallen, wie die Grundwasserreinigung und Schäden unter der Oberfläche, wie sie beim Kohleabbau entstehen. Auch die Kosten für Gesundheitsschäden durch Feinstaub werden oft nicht eingerechnet.

Als Motivation erhalten Betreiber, die ihr Kohlekraftwerk freiwillig abschalten, vom Bund eine Geldprämie.

Trotz aller Kritik und hohem Nachbesserungsbedarf ist der Kompromiss zum Klimapaket ein wichtiger Schritt in Richtung Klimastabilität und ein Versuch, den politischen Willen in konkretes Handeln umzusetzen.

Recht auf Klimaschutz

Die Mehrheit der Bevölkerung sieht inzwischen, wie dringend die Maßnahmen zum Klimaschutz sind. 2019 wurde das Thema „Klima/Energiewende" bei Umfragen von den Wählerinnen und Wählern konstant als wichtigstes Problem eingestuft. Es ist an der Zeit, dass die Politik diesen Impuls aufnimmt und den Klimaschutz rechtlich verankert.

Bereits am 27. Oktober 1994 wurde der Umweltschutz als offizielles Staatsziel ins Grundgesetz aufgenommen. Im Artikel 20a des Grundgesetzes steht: „Der Staat schützt auch in Verantwortung für die künftigen Generationen die natürlichen Lebensgrundlagen und die Tiere im Rahmen der verfassungsmäßigen Ordnung durch die Gesetzgebung und nach Maßgabe von Gesetz und Recht durch die vollziehende Gewalt und die Rechtsprechung." Ein wichtiger Schritt wäre es, auch den Klimaschutz ins Grundgesetz aufzunehmen.

Klimaschutz ins Grundgesetz

Obwohl rechtsverbindliche Regelungen bisher fehlen, haben 2019 drei Familien gemeinsam mit der Umweltorganisation Greenpeace die erste Klimaklage Deutschlands eingereicht. Die klagenden Familien betreiben Landwirtschaft in Brandenburg, Niedersachsen und auf der Nordseeinsel Pellworm. Sie sehen ihre Existenzgrundlage durch den Klimawandel bedroht und ihre Grundrechte auf Leben und Gesundheit verletzt. Mit der Klage gegen die Bundesregierung wollten sie erreichen, dass das Gericht die Regierung verpflichtet, das Klimaschutzziel 2020 einzuhalten. Nach ihrer Ansicht gelingt es voraussichtlich nicht, den CO_2-Ausstoß bis dahin um 40 Prozent gegenüber 1990 zu verringern. Bei der Gerichtsverhandlung vor dem Berliner Verwaltungsgericht am 31. Oktober 2019 wurde die Klage abgewiesen. Das Gericht argumentierte, dass die Zusage der Regierung, bis 2020 die CO_2-Emissionen um 40 Prozent zu reduzieren, nur eine politische Absichtserklärung und keine rechtsverbindliche Regelung gewesen sei. Das Urteil zeigt: Klimaschutz und Klimaschutzziele brauchen eine Gesetzesgrundlage, damit sie verbindlich sind und ihre tatsächliche Umsetzung einklagbar ist.

Was ist unsere Zukunft wert?

Ein weiterer Grund, warum es nur so schleppend vorangeht: Klimaschutz erfordert natürlich Investitionen. „Wenn wir den Klimaschutz vorantreiben, wird das Geld kosten", hat Angela Merkel am 11.09.2019 im Bundestag gesagt. Aber sie fügte hinzu: „Wenn wir ihn ignorieren, wird es uns mehr kosten." Fakt ist, dass bisher nur ein geringer Teil des *Bundeshaushalts** für Klimaschutz ausgegeben worden ist.

Die Rettung des Klimas erfordert Investitionen, zukunftsorientiertes Handeln und wirkungsvolle Maßnahmen. Eine Politik der kleinen Schritte, die nicht über eine Wahlperiode hinausreicht und von den Politikerinnen und Politikern ängstlich darauf ausgerichtet ist, was man der Wirtschaft und den Wahlberechtigten zumuten kann, reicht nicht, um die Klimakrise zu überwinden.

Durch die Corona-Pandemie und die dadurch weltweit entstandenen wirtschaftlichen Probleme besteht die Gefahr, dass bereits beschlossene Maßnahmen zum Klimaschutz sich verzögern oder neu diskutiert werden. Im besten Fall werden wirtschaftliche Hilfen mit Klimazielen und Nachhaltigkeit verknüpft. Es bleibt also abzuwarten, wie sich die Folgen der Corona-Krise auf die internationale Klimapolitik auswirken.

2019 sind die CO_2-Emissionen in Deutschland gesunken. Der Treibhausgasausstoß soll laut der Studie „Die Energiewende im Stromsektor – Stand der Dinge 2019" der Denkfabrik Agora Energiewende um 50 Millionen Tonnen oder 7 Prozent gegenüber 2018 zurückgegangen sein. Immer mehr Strom kommt aus erneuerbaren Energien wie Windkraft und Solaranlagen. Damit kommt Deutschland seinem Klimaschutzziel überraschend doch näher als erwartet. Denn die Treibhausgasemissionen liegen jetzt 35 Prozent unter denen von 1990. Bis Ende 2020 müssen es 40 Prozent weniger als 1990 sein. Allerdings haben die CO_2-Emissionen von Gebäuden und im Straßenverkehr gegenüber 2018 zugenommen. Vor allem die steigende Zahl von SUVs mit ihren großen Verbrennungsmotoren ist verantwortlich für den Anstieg der Emissionen. Das zeigt, dass nicht nur die Politik, sondern auch die Entscheidungen einzelner Personen Einfluss auf das Klima nehmen.

Stop talking, start planting

Plant-for-the-Planet ist eine Kinder- und Jugendinitiative, die weltweit Bäume pflanzt und so aktiv etwas gegen den Klimawandel unternimmt. Felix Finkbeiner hat die Initiative 2007 gegründet. Damals war er gerade mal 9 Jahre alt. Bis heute pflanzt Felix Bäume – am liebsten gemeinsam mit Kindern und Jugendlichen, wie auf der Kinderkonferenz in Possenhofen, von der er uns hier berichtet:

„Super, jetzt die Erde um den Baum ganz gut festdrücken", erkläre ich Luis. Wir stehen auf einer recht kahlen Waldfläche oberhalb von Tutzing in Bayern und pflanzen gemeinsam mit rund 80 anderen Kindern heute Bäume. Die Kinder kommen aus ganz Deutschland, Österreich und der Schweiz und sind zwischen 9 und 14 Jahre alt. Der Förster hat uns erklärt, dass wir heute hier Wildkirschen und Bergahorn pflanzen. Und er erläutert, wie der Wald inzwischen unter Stress steht.

Stress? Ein Wald? Der muss doch keine Hausaufgaben machen und Prüfungen schreiben! Aber es geht ihm nicht gut, denn es wird immer trockener und wärmer. Gebannt hören wir dem Förster zu.

Dann richte ich ein paar Worte an die Kinder: „Danke, dass ihr heute hier mit uns Bäume pflanzt! Wir haben schon gehört, wie der Wald unter Stress steht wegen der Klimakrise. Aber auch viele Menschen in anderen Teilen der Welt sind von der Klimakrise bedroht. Sie leben zum Beispiel am Meer, aber der Meeresspiegel steigt und sie verlieren ihr Zuhause." Luis und seine Freunde schauen mich besorgt an. „Aber wir können

Felix Finkbeiner pflanzt Bäume für den Klimaschutz.

was tun: Bäume pflanzen. Und zwar nicht nur hier, sondern weltweit."

Wie das geht, sehen wir uns später an, als wir zurück in der Jugendherberge sind. Ein ganzes Wochenende verbringen wir hier gemeinsam, arbeiten an Plänen fürs kommende Jahr und lassen uns von Profi-Rhetoriktrainern zeigen, wie man gute Reden hält. Da kann auch ich noch was dazulernen, dabei habe ich schon so viele Reden gehalten. Ich bin jetzt 22 Jahre alt. Los ging es mit dem Bäumepflanzen, als ich 9 war. Meine Lehrerin hatte uns nach den Weihnachtsferien einen Auftrag gegeben: Findet heraus, was es mit der Erderwärmung auf sich hat! Ich sollte ein Referat halten.

Damals, im Winter 2007, saß ich also zu Hause und suchte im Internet nach Informationen. Ich las von Wangari Maathai, die mich sofort begeisterte! Sie war die erste Professorin in Afrika und sie pflanzte mit Frauen in Afrika Bäume. 30 Millionen in 30 Jahren.

Bäume, das sind echte Wundermaschinen. Sie ziehen das schädliche Treibhausgas CO_2 aus der Luft, speichern das „C" im Holz und geben „O_2", den Sauerstoff, ab.

Wir haben es uns auf der Sofaecke in der Jugendherberge gemütlich gemacht. Katharina und Nicole beugen sich über mein Handy. Bald werden sie in Zürich einen Vortrag halten. Auf meinem Smartphone zeige ich ihnen die Plant-for-the-Planet-App: „Hier seht ihr, welche Pflanzprojekte es gibt. Wir haben jetzt ungefähr 70 Projekte auf der App, zum Beispiel das hier in Indien, in Kenia, in Thailand. Und seht mal, hier ist auch unser Pflanzprojekt auf der Yucatán-Halbinsel in Mexiko." – „Und was kann man mit der App jetzt machen?", fragt mich Nicole. – „Deine Eltern können hier ein Pflanzprojekt aussuchen und dann Geld spenden, dann können die Leute, zum Beispiel in Indien, damit Bäume pflanzen", erkläre ich. „Aber wir könnten auch eintragen, dass wir heute früh eine Wildkirsche gepflanzt haben. Ich hab davon ein Foto gemacht …" Ich suche das Foto heraus, trage noch den Standort in die App ein. „Und jetzt könnte ich auf ‚Senden' tippen. Aber ich breche das jetzt ab, weil eigentlich hab ich nur geholfen, und Luis hat den Baum gepflanzt." Nicole und Katharina schmunzeln. Sie löchern mich weiter mit Fragen für ihren Vortrag. In Zürich werden sie vor Erwachsenen sprechen und da sind sie doch ziemlich aufgeregt.

Ganz schön nervös war auch Levin, das erzählt er uns später beim Essen: „Ich habe eine Schokoladenverkostung gemacht und dann kam eine Kundin, die konnte nur Englisch!" Eigentlich ist so eine Schokoladenverkostung ziemlich einfach: Man stellt sich in den Supermarkt und lässt die Kunden die „gute Schokolade" probieren und erklärt, wie die uns hilft, Bäume zu pflanzen. Das war einmal eine verrückte Idee von mir und meinen Freunden – eine eigene Schokolade. Heute haben wir aber mit der Fairtrade-zertifizierten Schokolade schon mehr als fünf Millionen Bäume gepflanzt. Fünf verkaufte Tafeln sind ein Baum.

Plötzlich unterbricht Verena, eine Mitarbeiterin aus dem Plant-for-the-Planet-Büro, Levins aufgeregte Erzählung von seiner Schokoladenverkostung: „Kommt ihr alle raus zum Gruppenfoto?" Klar, wir kommen. Alle Kinder stehen in weißen T-Shirts mit Plant-for-the-Planet-Logo in der Sonne und blicken zum Fotografen. Wir fühlen uns so stark: wie eine große Familie mit dem großen Ziel, 1.000 Milliarden Bäume zu pflanzen. Verena stimmt unseren Schlachtruf an: „Stop talking!," ruft sie. Und wir alle: „Start planting!"

Notbremse

Energiefresser von heute

Ein Leben ohne Internet, Handy und Spielekonsole ist schwer vorstellbar. Wer heute unter 20 ist, ist mit den Vorzügen moderner Technologie groß geworden. Die „Digital Natives" sind neugierig auf alle neuen Entwicklungen und haben keine Mühe, sich die technischen Neuerungen anzueignen – Computer, Handys, Tablets, Spielekonsolen, alles kein Problem. Dass auch chatten, WhatsApps verschicken, skypen und am Computer spielen Energie verbrauchen, vergisst man in Zeiten aufladbarer Akkus und kabelloser Vernetzung leicht.

Aber Digitalisierung passiert nicht mechanisch. Rund 10 Prozent des Energiebedarfs in Deutschland werden für IT und Kommunikation aufgewendet. Davon entfällt ein großer Teil

Die Digitalisierung kostet viel Energie.

auf das Herunterladen und Schauen von Videos im Internet und Videostreamingangebote, die für den Datenverkehr viele Kilowattstunden Strom verbrauchen. Gerade weil diese Dinge fester Bestandteil unseres Lebens geworden sind, ist es umso wichtiger, sich für erneuerbare Energien einzusetzen und die CO_2-Emissionen zu verringern oder besser ganz zu vermeiden. Wäre das Internet ein Land, dann würde es beim Stromverbrauch auf Platz sechs liegen. Das Internet arbeitet über große Server, die weltweit 24 Stunden pro Tag und 365 Tage im Jahr laufen. Die Supercomputeranlagen fressen gigantische Energiemengen und es werden immer mehr. Darum sollten Rechenzentren nach Möglichkeit mit erneuerbaren Energien betrieben werden. Auch können die Server in ihrem Stromverbrauch optimiert werden und man kann die Abwärme der Rechenzentren nutzen, zum Beispiel um Gebäude zu heizen.

Mit bewusstem Konsum und Verhalten, wie der Auswahl nachhaltiger Suchmaschinen, die einen Teil ihres Gewinns an ökologische Projekte spenden, kann man Unternehmen motivieren, damit sie sich mehr für Nachhaltigkeit einsetzen. Die umwelt- und ressourcenschonende Nutzung von Informations- und Kommunikationstechnik heißt „Green IT" (grüne Informationstechnik). Dazu gehört auch das Bestreben, IT zur Ressourceneinsparung zu nutzen. So könnten Dienstreisen oftmals durch Videokonferenzen ersetzt werden.

Auch die Herstellung von Smartphones, Monitoren und IT-Infrastrukturen ist nicht CO_2-neutral. Je früher Geräte neu gekauft werden, die mit vielen Emissionen produziert werden, desto schlechter ist das für das Klima. Sowohl bei der Auswahl der

Produkte als auch bei der Nutzungszeit können wir klimafreund-
lichere Entscheidungen treffen.

Der Energieverbrauch wird weiter steigen. Experten schät-
zen, dass 2050 weltweit etwa 50 Milliarden Geräte online
sein werden. Auch das Cloud-Computing, bei dem Daten
nicht mehr auf dem eigenen Computer gespeichert werden, sondern auf globalen Servern in der Cloud, bedeutet
einen größeren Stromverbrauch. Das „Internet der Dinge"
mit smarten Geräten, die mit dem Internet verbunden sind,
bringt ebenfalls einen hohen Mehrenergieaufwand mit sich.
Von sprachgesteuerten digitalen Assistenten, Kühlschränken, die mit Kameras erfassen, welche Lebensmittel im Kühl-
schrank sind, wo das Mindesthaltbarkeitsdatum abgelaufen
ist und die eine entsprechende Einkaufsliste generieren bis
zu Kopfkissen, die vibrieren, um dem Schnarchen entgegenzuwirken, gibt es immer neue vernetzte Produkte.

Technischer Fortschritt – ein Mittel gegen den Klimawandel?
In den vergangenen Jahren wurden im Bereich Klimaschutz
deutlich mehr Patente für neue Erfindungen angemeldet. Wer
ein Patent besitzt, ist zur alleinigen Nutzung und Verwertung der
Erfindung berechtigt, und das 20 Jahre lang. Aber nicht immer
wird eine patentierte Erfindung auch umgesetzt. Manche Firmen
kaufen Patente, um neue Erfindungen zu blockieren, weil sie
zuerst ein anderes Produkt vermarkten wollen. Dabei wird oft
mehr auf den Profit geachtet als auf den Klimaschutz. Damit

neu entwickelte Technologien frühzeitig zum Einsatz kommen, sollten wir klimafreundliche, energiesparende Produkte gezielt nachfragen und kaufen.

Die Stadt Augsburg hatte eine geniale Idee und betreibt ihre Stadtbusse klimaneutral mit Biomethan aus Strohballen. Vier Ballen reichen pro Fahrzeug für ein ganzes Jahr. Wenn man alles Stroh, das momentan auf unseren Feldern vermodert, nutzen würde, könnte man 7 Millionen Pkws ein Jahr lang betreiben. Doch momentan erschweren Gesetze und Verordnungen oft den Einsatz neuer Technologien, statt ihn zu fördern.

Rettet das Elektro-Auto unser Klima? Ursprünglich hatte man die Idee, kleine und leichte Autos mit Strom anzutreiben, um die Umwelt zu entlasten. Das wäre eine Superidee, wenn solche Mini-Autos die einzigen Fahrzeuge eines Haushalts wären. Tatsächlich sind sie aber meistens Zweit- oder Drittwagen einer Familie und ersetzen oftmals nur Fahrten im Stadtverkehr, die man auch mit öffentlichen Verkehrsmitteln oder dem Fahrrad zurücklegen könnte. Diese geringen Fahrstrecken trüben die Klimabilanz, denn die Herstellung der Batterien, mit denen Elektrofahrzeuge betrieben werden, ist alles andere als um-

Ist Elektromobilität die Zukunft des Individualverkehrs?

weltfreundlich. Nach einer aktuellen Studie ist ein durchschnittliches Elektrofahrzeug erst nach 100.000 gefahrenen Kilometern sauberer als ein Fahrzeug mit Verbrennungsmotor. Noch problematischer wird es, je schwerer das Auto wird. Der Verbrauch steigt mit dem Gewicht und da der Strom, mit dem es angetrieben wird, noch immer zum Teil aus der Kohleverbrennung stammt, belastet das die Klimabilanz beträchtlich. Das E-Auto kann nur dann helfen, das Klima zu retten, wenn es klein und leicht ist, als Hauptfahrzeug genutzt wird und mit Strom aus erneuerbaren Energien betrieben wird.

Woher kommt die Energie?

Eine Möglichkeit, die CO_2-Emissionen zu reduzieren, ist der Umstieg auf alternative Energien. Einige Energieversorger bieten „grünen Strom" an. Dieser Strom stammt aus erneuerbaren oder regenerativen Energiequellen wie Sonne, Wind oder Wasser. Anders als bei den fossilen Energieträgern wie Kohle, Erdöl oder Gas werden keine Rohstoffe verbraucht. Während die Vorräte an Bodenschätzen irgendwann aufgebraucht sind, wird regenerative Energie aus Prozessen gewonnen, die ununterbrochen in der Natur stattfinden. Es gibt eine Vielzahl regenerativer Energiequellen, die man auf unterschiedliche Art nutzen kann.

Sonnenenergie wird über Solarzellen gewonnen, die das einfallende Sonnenlicht direkt in Elektrizität umwandeln. Große Ebenen und Dachflächen eignen sich gut für den Einsatz von Fotovoltaikanlagen. Diese Methode funktioniert natürlich am

Ebene, ländliche Flächen eignen sich gut für Fotovoltaikanlagen.

besten im Sommer oder in wärmeren Gegenden. Aber auch in gemäßigten Klimazonen steigt die Nutzung von Sonnenenergie dank der weiterentwickelten Solartechnik. Irgendwann sollen sogar Solarsatelliten im Weltall unabhängig vom Wetter auf der Erde das Sonnenlicht einfangen.

Geothermische Kraftwerke nutzen die Wärmeenergie der Erde in vulkanischen Gebieten. Dazu pumpt man Wasser in ein Bohrloch, das durch die Wärme im Boden erhitzt wird. Der entstehende Dampf treibt eine Turbine an, die durch ihre Bewegung wiederum einen Generator für die Stromerzeugung zum Laufen bringt.

Wasserkraftwerke wandeln die mechanische Energie des Wassers in elektrischen Strom um. Diese Energie wird durch künstliche oder natürliche Wasserfälle, rasch strömende Flüsse oder Stauseen gewonnen. In diesem Fall bewegt die Strömung Turbinen. Aus dieser Bewegungsenergie erzeugen Generatoren elektrischen Strom. Wasser steht in vielen Regionen nahezu unbegrenzt und kostenlos zur Verfügung, die Errichtung von Wasserkraftwerken ist aber sehr teuer. Deshalb werden sie so gebaut, dass sie möglichst lange Erlöse für verkauften Strom erzielen.

Hydrodynamische Wellenkraftwerke liegen auf der Wasseroberfläche. Sie bestehen aus einer Anordnung beweglicher Elemente, die durch Gelenke verbunden sind. Ihre Bewegung durch die Wellen treibt Generatoren zur Energieerzeugung an.

Gezeitenkraftwerke nutzen Ebbe und Flut, um Energie zu gewinnen. Dazu werden Staudämme an Meeresbuchten oder trichterförmigen Flussmündungen errichtet, bei denen sich Hoch- und Niedrigwasserstand deutlich unterscheiden. Die starken *Gezeitenströmungen** treiben Generatoren an und erzeugen Energie, die in Strom umgewandelt wird. Natürlich können Gezeitenkraftwerke nur in Küstennähe eingesetzt werden.

Die herabfallenden Wassermassen treiben Turbinen zur Stromerzeugung an.

Windenergie wird in Windparks gewonnen.

Windkraftwerke sind besonders auf weiten Ebenen oder Anhöhen zu finden, wo der Wind ungehindert bläst. Durch die Windenergie setzt sich der Rotor, ein riesiges Windrad, in Bewegung. Die Drehung des Rotors wird mithilfe eines Getriebes auf einen Generator übertragen, der dann Strom erzeugt. Der Wind weht zwar nicht ständig, aber je mehr Windkraftwerke verteilt auf große Entfernungen entstehen, desto zuverlässiger funktioniert die Energieversorgung durch Windkraft.

Bioenergie wird aus nachwachsenden Rohstoffen, der Biomasse, gewonnen. Schon seit Jahrtausenden verbrennen die Menschen Holz, um Wärme zu erzeugen. Aber auch aus Mais, Zuckerrüben, Raps, Biogas, Pflanzenölen, Exkrementen und Algen kann man Bioenergie gewinnen. Aus den unterschiedlichen Rohstoffen stellt man flüssige, feste oder gasförmige Energieträger wie Pflanzenöle, Holzhackschnitzel oder Biogas her, die in Wärme, Strom oder Kraftstoffe umgewandelt werden. Zwar entsteht bei der Gewinnung von Energie aus Energiepflanzen CO_2, aber während ihres Wachstums haben die Pflanzen bereits CO_2 aus der Atmosphäre gebunden. Man spricht deshalb von klimaneutraler Energie. Allerdings sind landwirtschaftliche Flächen begrenzt und eine erhöhte Nachfrage nach Bioenergie sollte keinesfalls dazu führen, dass weniger Nahrungsmittel angebaut oder Waldflächen gerodet werden.

Kernenergie dient ebenfalls der Energiegewinnung, bei der kaum Treibhausgase entstehen und die deswegen gerne als Alternative zu fossilen Brennstoffen aufgeführt wird. Diese Kraftwerke arbeiten mit Kernspaltung. Spaltet man die Atomkerne radioaktiver Elemente wie Uran oder Plutonium, wird Energie freigesetzt. Doch dabei entstehen radioaktive Abfälle, deren Entsorgung ein großes Problem darstellen. Die deutsche Gesetzgebung fordert eine sichere Lagerung über 1 Million Jahre. So lange dauert es, bis einige Elemente nicht mehr strahlen. Aber auch der Betrieb der Kraftwerke birgt Gefahren. Im russischen Kraftwerk Tschernobyl kam es 1986 zu einem „Super-GAU" – einem größten anzunehmenden Unfall –, dessen katastrophale Folgen auch heute noch in manchen Teilen Europas zu spüren sind. Seit damals wurde in Deutschland ein Ausstieg aus der Kernkraft immer wieder diskutiert, aber erst, nachdem es 2011 in Fukushima in Japan aufgrund eines Seebebens zu einem weiteren Super-GAU kam, wurde ein Atomausstieg in Deutschland zum Jahr 2022 endgültig beschlossen.

Eine Technologie, die in Zukunft an Bedeutung gewinnen könnte, ist die *Kernfusion*. Die Energie soll dabei nicht mehr durch Kernspaltung erzeugt werden, sondern nach dem Vorbild der Sonne durch Kernverschmelzung. Die Kernfusion soll theoretisch unerschöpflich, sauber, billig und ungefährlich sein. Doch obwohl bereits seit den 60er-Jahren des vergangenen Jahrhunderts an diesem Verfahren geforscht wird, gelingt es der Wissenschaft noch immer nicht, den Prozess völlig zu kontrollieren. In Frankreich ist 2006 das Projekt des „Internationalen Thermonuklear Experimental Reaktor", kurz ITER, angelaufen, an dem die Europäische Union, China, Indien, Südkorea, Japan, Russland, USA und die Schweiz beteiligt sind. Aber noch ist nicht sicher, ob die Fusionstechnologie jemals für den alltäglichen Gebrauch nutzbar sein wird, und radioaktiver Müll entsteht auch hier.

Welche Art der Energiegewinnung ist die beste für das Klima?

Noch ist kein Wundermittel gefunden, mit dem wir unseren Energiebedarf auf klimaneutrale und umweltschonende Weise vollständig decken können. Die Emissionen der Kohlekraftwerke sind klimazerstörend, das Risiko der Atomkraft viel zu hoch. Aber auch der Bau und die Nutzung von Kraftwerken für regenerative Energien können die Landschaft beeinträchtigen und negative Folgen für die Umwelt mit sich bringen. Windkraftwerke gefährden Vögel und Fledermäuse. Wasserkraftwerke können die Wanderung von Fischen behindern. Trotzdem überwiegen die Vorteile. Vor allem eine Kombination der verschiedenen Kraftwerkstypen zur alternativen Stromerzeugung an optimalen Standorten kann eine Stromversorgung ohne CO_2-Emissionen möglich machen. Wichtig ist dabei eine internationale Zusammenarbeit, da manche Länder durch ihre Lage an einer Küste oder in einer wind- oder sonnenreichen Gegend alternative Energiequellen besser nutzen können als andere.

Was wir jetzt tun können

Energiesparen kann einiges bewirken, gerade solange die Umstellung auf erneuerbare Energien nicht vollzogen ist. Wir alle sind hier gefragt und es gibt unzählige Möglichkeiten, um Energie einzusparen: Wer mit dem Fahrrad statt mit dem Auto zur Schule fährt, produziert null CO_2. Aber auch öffentliche Verkehrsmittel und Fahrgemeinschaften mit voll besetzten Autos sind eine gute Idee, um Energie einzusparen. In den Ferien ist eine Reise mit der Bahn viel klimaverträglicher als eine Flugreise. Schon auf der Strecke von Frankfurt nach Berlin kann man 70 Prozent Energie einsparen, wenn man mit dem ICE fährt, statt zu fliegen.

Auch zu Hause kann der Energieverbrauch deutlich verringert werden. Langfristig lohnt es sich, Häuser gut zu isolieren, aber auch wenn man die Temperatur nachts absenkt, spart das schon Heizkosten und viele Kilogramm CO_2. Duschen ist umweltschonender als Baden, auch weil es deutlich weniger Wasser verbraucht. Elektrische Geräte sollten immer vollständig ausgeschaltet werden, denn im Standby wird unnötig Energie verbraucht. Geräte ohne eigenen Ausschalter kann man an eine schaltbare Steckerleiste anschließen. Oft gibt es sparsamere Alternativen: ein Laptop verbraucht nur ein Drittel so viel Strom wie ein PC.

Kleine Birne …

Die Zeit der energiefressenden Glühbirnen ist zwar in Europa seit dem Verbot 2009 vorbei. Trotzdem lohnt es sich, genau zu überlegen, womit wir Licht in unsere Wohnräume bringen. Große Wirkung hat nicht nur der Stromverbrauch selbst, sondern auch der Aufwand, der bei der Produktion und der Entsorgung betrieben wird. Lampen, die eine kurze Lebensdauer haben, also öfter ausgetauscht werden müssen, bedeuten auch mehr Müll.

Die Energiesparlampe trägt die Sparsamkeit zwar im Namen, hält aber nicht so lange wie LEDs und verbraucht deutlich mehr Strom. Obwohl ihre Herstellung aufwendig ist, sind LEDs ökologisch gesehen zu empfehlen. Sie bieten einen so geringen Stromverbrauch in Verbindung mit einer so hohen Lebensdauer, dass auch ihre Produktion und Entsorgung die Ökobilanz nicht trübt.

Mode ist ein weiterer Bereich, auf den wir direkt Einfluss nehmen können. Die Herstellung von Kleidung produziert weltweit mehr CO_2 als der gesamte Flug- und Schiffsverkehr zusammen. Fast wöchentlich sind neue Trends am Start und teilweise lassen große Modefirmen sogar Ware verbrennen, um Lagerplatz für Neues zu schaffen. Ein schlechtes Gewissen hat kaum jemand, schließlich spenden viele ihren Überschuss an ärmere Menschen – oft auf einem anderen Kontinent. Aber irgendwie müssen die Klamotten ja auch transportiert werden und das geschieht meistens mit dem Flugzeug. Viele neue Billigklamotten schaden dem Klima. Besser man kauft Vintage. Das ist mittlerweile im Trend und es gibt inzwischen viele Secondhandläden, in denen man coole Outfits shoppen kann. Auch Tauschbörsen für Bekleidung sind eine gute Alternative, so kann man auch immer wieder was Trendiges tragen, aber belastet Klima und Umwelt sehr viel weniger.

Bewusste Ernährung tut nicht nur der Gesundheit gut, sondern hilft gleichzeitig, Energie zu sparen. Kaufen wir regionale Nahrungsmittel, also Nahrungsmittel, die aus der Region stammen, in der wir wohnen, entstehen keine Abgase durch lange Transportwege. Der Transport von 100 g Spargel aus Chile verursacht laut Greenpeace 1,7 Kilogramm CO_2-Ausstoß, die gleiche Menge regionaler Spargel zur Spargelzeit nur 60 Gramm. Auch mehr Obst und Gemüse statt vorwiegend Fleisch zu essen, ist aktiver Klimaschutz. Viehhaltung ist viel energieaufwendiger als der Anbau pflanzlicher Nahrungsmittel und verursacht deutlich mehr CO_2 und andere Emissionen. Der hohe Bedarf an Futtermitteln ist oft ein Grund für die Rodung von Wäldern und die Zerstörung von Ökosystemen.

Auch *Biokost* bringt eine CO_2-Reduktion. Etwa 20 Prozent beträgt

Lastwagenkolonnen schädigen das Klima.

Topfpflanzen gelten als ideales Geschenk für jeden Anlass. Die grünen Mitbewohner machen jedes noch so kleine Zimmer freundlicher und heben die Stimmung. Doch nicht jeder hat einen grünen Daumen. Oft wandern die Topfpflanzen schnell in die Mülltonne, nur um kurz darauf durch ein neues Exemplar ersetzt zu werden. Schadet ja nichts – ist ja alles Natur. Ganz so unproblematisch ist die Produktion immer neuer Zimmerpflanzen allerdings nicht. Mal abgesehen davon, dass sie meist in Gewächshäusern mit Energieaufwand herangezogen werden, ist auch der Boden, auf dem sie wachsen nicht einfach nur Dreck. Die meisten Blumenerden enthalten Torf. In Deutschland werden aktuell etwa 7 Millionen Kubikmeter Torf pro Jahr abgebaut. Etwa 1,8 Millionen Kubikmeter werden jedes Jahr importiert, vorwiegend aus dem Baltikum, Russland, Polen und Skandinavien.

Die Moore, aus denen der Torf stammt, sind allerdings wichtige CO_2-Speicher. Werden sie trockengelegt, entweichen große Mengen des Klimagases in die Atmosphäre. Deshalb sollte man seinen grünen Freund hegen und pflegen, damit man nicht so oft neue Pflanzen kaufen muss. Und wenn es denn sein muss, sollte man unbedingt Erde ohne Torfanteil bevorzugen.

der Klimavorteil von Bio-Eiern gegenüber solchen, die in Lege-batterien erzeugt werden. Ein Kilogramm Eier aus ökologischer Landwirtschaft verursachen rund 1.550 Gramm CO_2 – bei der üblichen Hühnerhaltung sind es mehr als 1.800 Gramm. Der Unterschied ergibt sich vor allem, weil bei der ökologischen Hüh-nerhaltung auf importiertes Futter-Soja verzichtet wird, das aus fernen Ländern nach Deutschland transportiert werden muss und für dessen Anbau im Ursprungsland häufig Regenwälder abgeholzt werden. Die Einsparung klingt zunächst nicht nach einem großen Unterschied, aber bei 235 Eiern, die ein Deutscher pro Jahr konsumiert, kommt schon einiges zusammen. Fast alle Biolebensmittel sind in Sachen Klimabilanz besser als konven-tionelle Produkte, schon allein deshalb, weil Ökobauern auf Kunstdünger und Pestizide verzichten, deren Herstellung ener-gie- und damit CO_2-intensiv ist.

Ein kritischer Blick auf die Verpackung lohnt sich, um herauszufin-den, was wir kaufen und woher das Produkt stammt. Klimakiller verstecken sich auch dort, wo wir sie kaum vermuten. So sollten wir uns im Sommer fragen, woher die Grillkohle stammt. Für diese gesellige und sehr beliebte Form der Essenszubereitung verbrennen Europäer pro Jahr nicht weniger als 850.000 Tonnen Kohle. Ein großer Teil davon stammt aus Afrika und Südamerika. Selbst Edelhölzer wurden bei einer Untersuchung der Stiftung Warentest in Holzkohleproben gefunden. Besonders in Afrika werden für die Herstellung von Holzkohle riesige Waldgebiete zerstört. Durch den sinnlosen Raubbau gehen pro Jahr 400.000 Hektar fruchtbares Land verloren. Bodenerosion, Ernteausfälle und Verwüstung sind die Folge.

Nachhaltiger Konsum bedeutet nicht unbedingt Verzicht, sondern eine Umstellung. Vor allem bedeutet es, bewusst darauf zu achten, die Natur und ihre Ressourcen im Alltag und beim Einkauf so wenig wie möglich zu belasten. Inzwischen gibt es viele Apps, die uns dabei unterstützen, nachhaltiger zu leben. Die Themen reichen von Energiesparen über umweltschonendes Einkaufen regionaler Produkte bis zum Check von Umweltkennzeichen und Inhaltsstoffen. Generell gilt, dass man sich immer gut informieren und alles kritisch hinterfragen sollte.

Greenwashing

Klimaschutz ist modern und Wirtschaftsunternehmen machen ihn gerne zum Thema ihres Marketings. Aber nicht immer wird tatsächlich klimafreundlich produziert, wenn mit Klimaschutz geworben wird. Viele Unternehmen betreiben „Greenwashing", das bedeutet, sie legen sich ein ökologisches Image zu und werben mit Umwelt- und Naturschutz, ohne sich tatsächlich für Nachhaltigkeit zu engagieren. Oder ihre ökologischen Leistungen sind im Vergleich geringer als die Umwelt- oder Klimaschäden, die die Firmen mit der Herstellung und dem Verkauf ihrer Produkte anrichten.

Höchste Zeit, endlich zu handeln

In der Vergangenheit standen einem globalen Klimaschutz immer wieder wirtschaftliche Interessen entgegen. Klimaschutzmaßnahmen gelten als teuer, weil sie angeblich hohe Investitionen verlangen und Arbeitsplätze gefährden. Inzwischen merkt

Fridays-for-Future-Demonstrationen für ein gesundes Klima

jedoch auch die Wirtschaft immer deutlicher, dass es zu kurz gedacht ist, immer nur einzelne Wirtschaftszweige in den Vordergrund zu stellen. Durch den Klimawandel wird es immer mehr Katastrophen geben und die Sachschäden, die durch diese Katastrophen entstehen, werden die Weltwirtschaft enorm belasten. Das Deutsche Institut für Wirtschaftsforschung rechnet für das Jahr 2100 mit globalen Klimaschäden von bis zu 20 Milliarden US-Dollar. Ganz abgesehen davon, dass viele Menschen ihre Heimat oder sogar ihr Leben verlieren könnten. Demgegenüber stehen Investitionen von 3 Milliarden US-Dollar für Klimaschutzmaßnahmen bis 2100, um die zu erwartenden Klimaschäden zu vermeiden.

Die Erde erwärmt sich, das ist Fakt. Einer der Hauptverursacher sind wir Menschen. Auch das steht fest. Wir sind zu viele und wir werden immer mehr. Für 2100 schätzt man die Zahl der Menschen auf der Erde auf 11,2 Milliarden. Und nicht nur die Anzahl der Menschen vervielfacht sich, auch der Energieverbrauch pro Kopf steigt. Viele Länder beginnen gerade erst mit einer umfassenden Industrialisierung. Während in Deutschland der Kohleausstieg geplant wird, ist weltweit der Bau zahlreicher neuer Kohlekraftwerke geplant.

Um den Klimawandel aufzuhalten, muss das gemeinsame Ziel jedoch sein, den CO_2-Ausstoß weltweit zu verringern. Wenn das Treibhausgas weiterhin ohne deutliche Einschränkung in die Atmosphäre abgegeben wird, ist die Erwärmung der Erde nicht mehr aufzuhalten. Darum ist es ebenso wichtig, dass vom *Phytoplankton** bis zum tropischen Regenwald alle natürlichen Helfer gegen ein Zuviel an CO_2 in der Atmosphäre geschützt und durch Projekte wie Aufforstung der Wälder und Reinigung der Meere nachhaltig gestärkt werden.

Politik und Wirtschaft müssen auf internationaler und nationaler Ebene im Sinne des Klimaschutzes handeln. Wissenschaft und moderne Technologie können ihren Beitrag leisten, indem immer mehr Produkte entwickelt werden, deren Herstellungsprozess und Nutzung gleichermaßen CO_2-arm oder sogar -neutral ist. Aber auch jeder einzelne Mensch kann durch sein Verhalten dazu beitragen, das Klima zu schützen.

Ob es zu katastrophalen Auswirkungen des Klimawandels kommen wird, hängt davon ab, ob wir alle gemeinsam die Verantwortung für den Klimaschutz übernehmen. Wenn wir nicht rechtzeitig ausreichende Maßnahmen zum Schutz des Klimas treffen, werden wir alle schon bald den Klimawandel und seine

Folgen deutlich zu spüren bekommen. Darum sollten wir eines nicht vergessen:

Glossar

Atmosphäre: gasförmige Hülle um einen Himmelskörper; die Lufthülle der Erde besteht heute im Wesentlichen aus Stickstoff und Sauerstoff plus sogenannten „Spurenelementen".

Brennstoffe, fossile: lateinisch: ausgegrabene, aus der erdgeschichtlichen Vergangenheit stammende Stoffe toter Pflanzen und Tieren, zum Beispiel Braunkohle, Steinkohle, Torf, Erdgas und Erdöl, die zur Erzeugung von Wärme verbrannt werden.

Bundeshaushalt: Vorausplanung von Einnahmen und Ausgaben der Bundesrepublik Deutschland für ein oder mehrere Jahre.

Emission: lateinisch für Ausstoß, bezeichnet ganz allgemein die Aussendung von Teilchen, Stoffen, (Schall-)Wellen oder Strahlung in die Umwelt; in der Klimadiskussion ist der Schadstoffausstoß gemeint.

EU: Europäische Union; europäischer Staatenbund aus 27 europäischen Ländern.

Fotosynthese: (Foto = griechisch: Licht) Stoffwechselreaktion bei allen Pflanzen. Mithilfe von Sonnenlicht wandelt das Chlorophyll (Blattgrün) Kohlendioxid und Wasser in Traubenzucker um; dabei wird Sauerstoff (O_2) freigesetzt.

FUNAI: die brasilianische Nationalbehörde für die Angelegenheiten der indigenen Bevölkerung.

Gezeiten: Wasserbewegungen der Ozeane; sie werden durch die Anziehungskraft vor allem des Mondes und in geringerem Maße durch die der Sonne verursacht.

G8: Gruppe der 7 großen Industrienationen Deutschland, Frankreich, Großbritannien, Italien, Japan, Kanada und USA sowie Russland (1998–2014).

Hoch: eigentlich: Hochdruckgebiet, ein Gebiet, in dem ein höherer Luftdruck herrscht als in seiner großräumigen Umgebung. Hier bilden sich keine Wolken, daher wird Hoch meist mit „gutem Wetter" in Verbindung gebracht.

Hydrogenerator: nutzt die Strömungsgeschwindigkeit des Wassers und wandelt diese Energie in elektrischen Strom um, mit dem die Bordbatterie von Segeljachten gespeist und das Schiff mit Energie versorgt werden kann.

Industrieländer: sind Länder, in denen die Bevölkerung hauptsächlich in der Industrie und im Dienstleistungsbereich arbeitet. Der Lebensstandard in Industrieländern ist relativ hoch; der Begriff wird oft zur Abgrenzung zu Schwellenländern gebraucht.

Karbon: Das Karbon beschreibt eine etwa 60 Millionen Jahre dauernde Periode in der Erdgeschichte, die vor rund 359 Millionen Jahren einsetzte.

Karbonate: (auch Carbonate) nennt man die Salze der Kohlensäure. Sie kommen häufig in der Natur vor, meist als Minerale. Nahezu alle Lebewesen nutzen nicht lösliche Karbonate als Stütze für ihre Skelette oder Panzer.

Klimaneutral: auch CO_2-neutral, bedeutet, dass keine Treibhausgasemissionen verursacht werden und damit das Klima nicht belastet wird.

Meteorologie: die Lehre der physikalischen und chemischen Vorgänge in der Atmosphäre. Dazu gehören als bekannteste Anwendungsgebiete die Wettervorhersage und die Klimatologie. Meteorologen und Meteorologinnen beschäftigen sich mit diesem wissenschaftlichen Fachgebiet.

Mikroorganismus: mikroskopisch kleines Lebewesen, zum Beispiel ein Bakterium.

Ökosystem: Wechselbeziehungen innerhalb einer Lebensgemeinschaft mehrerer Arten von Pflanzen und Tieren untereinander und mit ihrem Lebensraum, zum Beispiel Wald, Wattenmeer, Korallenriff. Die natürlichen Kreisläufe in einem Ökosystem sind im Gleichgewicht.

Fotovoltaikanlage: Anlage zur Umwandlung von Sonnenlicht in elektrische Energie mittels Solarzellen.

Pampa: ebene Grassteppenlandschaft in Südamerika.

Plankton: griechisch: „das Umherirrende", Sammelbegriff für alle im Wasser treibenden Kleinstlebewesen, die sich mit der

Wasserströmung fortbewegen; sind diese einzelligen Organismen rein pflanzlich, zum Beispiel Algen, bezeichnet man sie als **Phytoplankton.**

Saurer Regen: Niederschlag mit hoher Säurekonzentration, die durch die Verbrennung von fossilen Brennstoffen entsteht. Saurer Regen führt zu einer Versauerung von Gewässern und Böden und schädigt Pflanzen.

Schwellenländer: sind Länder mit fortschreitender Industrialisierung auf der Schwelle, also in einer Übergangsphase, zum Industrieland; ein Entwicklungsindikator ist das Einkommen pro Kopf.

Taiga: Zone der nördlichsten Nadelwaldgebiete in Skandinavien, Sibirien, Nordamerika und der Mongolei; befindet sich zwischen dem Polarkreis und ungefähr dem 50. Grad nördlicher Breite.

Thermostat: Temperaturregler, der eine voreingestellte Temperatur konstant hält, zum Beispiel von einem Heizkörper.

Tief: eigentlich: Tiefdruckgebiet, Bereich der Atmosphäre mit niedrigem Luftdruck, verglichen mit den angrenzenden Gebieten. Hier bilden sich Wolken, daher wird das Tief meist mit „schlechtem Wetter" in Verbindung gebracht.

Tundra: Kältesteppe mit Bewuchs in Eurasien und Nordamerika, eine baumlose Zone zwischen der Arktis und der Taiga, bewachsen mit Moosen, Flechten und kleineren Sträuchern, häufig Permafrostböden.

UN: Vereinte Nationen (United Nations Organization – UNO); global-agierender, internationaler Zusammenschluss von 193 Staaten.

Wetterschicht oder **Troposphäre**: die unterste Schicht der Erdatmosphäre, in der das Wetter entsteht und wo sich das gesamte Wettergeschehen abspielt.

Bildnachweis

akg-images GmbH, Berlin: akg-images 63. | alamy images, Abingdon/Oxfordshire: imageBROKER 46. | iStockphoto.com, Calgary: 47; DLMcK 124; EKH-Pictures 86; eternalcreative 137; Floortje 150; FooTToo 112; Gagliardi, Alberto 43; Hadyniak, Bartosz 98; joste_dj 36; Kalistratova, Elena 19; man_at_mouse 26; Okada, Cesar 11; Puster, Rainer 85; ZU_09 64. | meereisportal.de, Bremerhaven: 78; Dr. Stefanie Arndt 77; Nicolas Stoll 80. | Dirk Steffens und Oliver Roetz 7. | Picture-Alliance GmbH, Frankfurt/M.: dpa-infografik GmbH 22, 119; Fotoreport Mercedes-Benz 65; Hanna Franzén/TT 105; Margais, Clara 122; MUNOZ, DANIEL 90; Pressensbild 87; Ruttle, Craig 107; Sauer, Stefan 33; von Jutrczenka, Bernd 101. | plant4planet, Jena: Alexis García/Plant-for-the-Planet 134. | Ronachan Films, London: 96. | Ruth Omphalius: 31. | Shutterstock.com, New York: Animaflora PicsStock 153; Arhelger, Tobias 144; Evgeniyqw 92; Jeon, Yein 59; Jonekson, Ares 49; Schnaider, Tarcisio 94; Schweitzer, Elena 3; WOLF AVNI 27. | stock.adobe.com, Dublin: 9, 35; al1center 54; Angelo, Michel 142; Animaflora PicsStock 155; Bildwerk 140; coolibri 129; d7ibril 29; Discovod 20; Enselme, Arthur 14; kamilpetran 127; Kara 149; Mik76 55; nicolasprimola 39; Science RF 16; Sean 40; SERDYUKOV, IGOR 52; stveak 69; Yauhen 71; 143.

Wir arbeiten sehr sorgfältig daran, für alle verwendeten Abbildungen die Rechteinhaberinnen und Rechteinhaber zu ermitteln. Sollte uns dies im Einzelfall nicht vollständig gelungen sein, werden berechtigte Ansprüche selbstverständlich im Rahmen der üblichen Vereinbarungen abgegolten.

Mehr zum Lesen ...

978-3-401-60539-5

978-3-401-60436-7

978-3-401-06214-3

978-3-401-05587-9

ausgeschieden

Arena

Jeder Band:
Klappenbroschur
www.arena-verlag.de